全 国 职 业 培 训 推 荐 教 材
人力资源和社会保障部教材办公室评审通过
适 合 于 职 业 技 能 短 期 培 训 使 用

社 区 绿 化

（第二版）

陈莉平　　何建军　　主编

中国劳动社会保障出版社

图书在版编目（CIP）数据

社区绿化/陈莉平，何建军主编. —2 版. —北京：中国劳动社会保障出版社，2014

职业技能短期培训教材

ISBN 978-7-5167-1535-2

Ⅰ.①社… Ⅱ.①陈… ②何… Ⅲ.①社区-绿化-技术培训-教材 Ⅳ.①S731.5

中国版本图书馆 CIP 数据核字（2014）第 255962 号

中国劳动社会保障出版社出版发行

（北京市惠新东街 1 号 邮政编码：100029）

*

中国标准出版社秦皇岛印刷厂印刷装订 新华书店经销

850 毫米×1168 毫米 32 开本 5 印张 130 千字

2014 年 11 月第 2 版 2021 年 10 月第 3 次印刷

定价：11.00 元

读者服务部电话：（010）64929211/84209101/64921644

营销中心电话：（010）64962347

出版社网址：http://www.class.com.cn

前言

    职业技能培训是提高劳动者知识与技能水平、增强劳动者就业能力的有效措施。职业技能短期培训，能够在短期内使受培训者掌握一门技能，达到上岗要求，顺利实现就业。

    为了适应开展职业技能短期培训的需要，促进短期培训向规范化发展，提高培训质量，中国劳动社会保障出版社组织编写了职业技能短期培训系列教材，涉及二产和三产百余种职业（工种）。在组织编写教材的过程中，以相应职业（工种）的国家职业标准和岗位要求为依据，并力求使教材具有以下特点：

    短。教材适合 15～30 天的短期培训，在较短的时间内，让受培训者掌握一种技能，从而实现就业。

    薄。教材厚度薄，字数一般在 10 万字左右。教材中只讲述必要的知识和技能，不详细介绍有关的理论，避免多而全，强调有用和实用，从而将最有效的技能传授给受培训者。

    易。内容通俗，图文并茂，容易学习和掌握。教材以技能操作和技能培养为主线，用图文相结合的方式，通过实例，一步步地介绍各项操作技能，便于学习、理解和对照操作。

    这套教材适合于各级各类职业学校、职业培训机构在开展职业技能短期培训时使用。欢迎职业学校、培训机构和读者对教材中存在的不足之处提出宝贵意见和建议。

人力资源和社会保障部教材办公室

简介

    本书首先简要介绍社区绿化基本知识，包括社区绿化基本要求、绿化养护基础知识；然后进入社区绿化工作的主要环节，包括树木栽植与养护、草坪建植与养护、花卉栽植与养护管理、水生植物的栽植与养护等与社区绿化工作实际紧密联系的工作技能。

    本书从当前社区绿化岗位实际需要出发，针对职业技能短期培训学员的特点，基本不涉及复杂的理论，强化了技能的通用性和实用性。全书语言通俗易懂、图文并茂，通过对本书的学习，学员能够达到社区绿化相关岗位的技能要求。本书还可供初涉或从事社区绿化工作的人参考。

    本书在编辑整理过程中，获得了许多职业学校、职业培训机构、社区服务一线从业人员和朋友的帮助与支持，其中参与编写和提供资料的有陈莉平、何建军、侯其锋、陈世群、何志阳、刘少文、宁仁梅、李景吉、李景安、赵仁涛、陈运花，最后全书由腾宝红统稿、审核完成。

目录

第一单元　社区绿化基本要求······················（ 1 ）

　　模块一　社区绿化的日常管理内容·················（ 1 ）

　　模块二　社区绿化人员的职责与基本要求···········（ 3 ）

第二单元　绿化养护基础知识·······················（ 6 ）

　　模块一　常见园林树木、花卉····················（ 6 ）

　　模块二　园林植物种植形式及应用················（ 35 ）

　　模块三　社区绿化常用工具······················（ 39 ）

第三单元　社区树木的栽植与养护···················（ 57 ）

　　模块一　树木的栽植···························（ 57 ）

　　模块二　树木的养护···························（ 70 ）

　　模块三　树木的病虫害防治······················（ 82 ）

　　模块四　树体的保护与修补······················（ 86 ）

第四单元　草坪建植与养护·························（ 90 ）

　　模块一　草坪建植·····························（ 90 ）

　　模块二　草坪修剪·····························（ 97 ）

　　模块三　草坪施肥·····························（101）

　　模块四　草坪灌溉·····························（104）

　　模块五　草坪辅助养护管理······················（105）

　　模块六　草坪病、虫、草的防治··················（110）

第五单元　花卉栽植与养护管理·····················（117）

　　模块一　露地花卉栽植与管理……………………（117）

　　模块二　盆栽花卉栽植与管理……………………（124）

　　模块三　花坛的布置………………………………（129）

　　模块四　花卉的病虫害防治………………………（136）

第六单元　水生植物的栽植与养护…………………（140）

　　模块一　水生植物的种类…………………………（140）

　　模块二　水生植物的种植…………………………（141）

　　模块三　水生植物的养护…………………………（145）

培训大纲建议……………………………………………（148）

第一单元 社区绿化基本要求

模块一 社区绿化的日常管理内容

一、保洁

按照养护管理分工及岗位责任制清除绿地垃圾和杂物,包括生活垃圾、砖块、砾石、落地树叶、干枯树枝、烟蒂、纸屑等;对水池、雕塑和园林小品及绿化配套设施按要求进行保洁,绿地要全天候打扫。

二、除杂草、松土、培土

除杂草、松土、培土是养护工作的重要组成部分。经常除杂草,可防止杂草与草坪草在生长过程中争水、争肥、争空间而影响草坪的正常生长;对于草坪土壤板结和人为践踏严重地带,要注意打孔透气,必要时还必须用沙壤土混合有机肥料铺施,以保障草坪正常生长、青绿度高、弹性好、整齐美观;绿地的花坛、绿篱、垂直绿化、单植灌木和乔木,要按要求进行松土和培土。

三、排灌、施肥

在对草坪、乔木、灌木进行排灌、施肥时,应按植物种类、生产期、生产季节天气情况等的不同有区别地进行,保证水、肥充足适宜。

四、补植

对于被破坏的草坪和乔木、灌木要及时进行补植,及时清除灌木和花卉的死苗。发现有乔木死树时要及时清理，做到乔木、灌木无缺株、死株，绿篱无断层。

五、修剪、造型

根据植物的生长特性和长势，适时对其进行修剪和造型，以增强绿化、美化效果。

六、病虫害防治

病虫害对花、草、树木危害很大，轻者影响景观，重者可导致花、草、树木的死亡。因此，做好病虫害防治工作很重要。病虫害防治工作应以防为主、精心管养，使植物增强抗病虫的能力，同时要经常检查，做到早发现、早处理。在防治时可采取综合防治、化学防治、物理防治和生物防治等方法。

七、绿地及设施的维护

绿地维护应做到绿地完善，花、草、树木不受破坏，绿地不被侵占，绿地版图完整，无乱摆乱卖、乱停乱放的现象。

绿地各种设施如有损坏，要及时修补或更换，保证设施的完整美观。保护好绿地围栏等绿化设施，保护绿化供水设施，防止绿化用水被盗用。对护树的竹竿、绑带要及时加固，使其达到护树目的。在生长季节，随着树木生长，要及时松掉绑在树干上的带子，以防嵌入树体，影响树木生长。同时要注意不能用铁丝直接绑在树干上，中间要垫上胶皮。

八、水池和园路的管理

水池的管理要做到保持水面及水池内外清洁，水质良好、水量适度、节约用水，池体美观、不漏水，设施完好无损。同时，要及时清除杂物，定时杀灭蚊子幼虫，定期清洗水池；控制好水的深度，管好水闸开关，不浪费水；及时修复受损的水池及设施。

绿地路面应保持清洁、美观、完好无损，及时清除路面垃圾杂物，修补破损并保持完好。绿地环境卫生要做到绿地清洁，无垃圾、杂物，无石砾、石块，无干枯树枝，无粪便暴露，无鼠洞和蚊蝇滋生地等。

九、防旱、防冻

在旱季，根据天气预报和绿地实际情况，检查花、草、树木的生长情况，做好防旱、抗旱的组织和实施工作，预测出花、草、树木的缺水时限并进行有效抗旱。

在进行防冻工作时，必须按植物生长规律采取有效的措施，保证花、草、树木的良好生长。

十、防台风、抗台风

在物业绿化的日常管理中，要时刻树立和加强防台风、抗台风的意识，及时做好防台风、抗台风的准备工作。在台风来袭前，要加强管理、合理修剪，做好护树和其他设施的加固工作，派专人检查，并成立抗风抢险小组。在接到 8 级以上台风通知时，主要管理人员要轮流值班，通信设备要 24 h 开通，人力、机械设备及材料等随时待命。台风吹袭期间，发现树木等设施危及人身安全和影响交通的，要立即予以清理，疏通道路，及时排涝。台风后要及时进行扶树工作，补好残缺，清除断枝落叶和垃圾，保证在两天内恢复原状。

十一、搞好配套工作

在节假日，应按要求配合做好节日摆花工作，同时增加人员搞好节日的保洁和管理工作。草坪、花灌木等各种苗木，应按其生长习性提前修剪，保证节日期间达到最佳观赏效果。

模块二　社区绿化人员的职责与基本要求

一、社区绿化人员的职责

（1）对花、草、树木适时浇水，满足其生长需要，防止过旱或过涝。

（2）对花、草、树木适时适量施肥，方法正确，满足花、草、树木正常生长发育需要。

（3）根据园林功能要求、花木分枝规律和生长特性以及环境关系，对花木进行修剪、整形，使花木生长适当、长势优良。

（4）清理杂草、杂物，适时剪草，保持草的一定生长高度，使草地整洁、美观。

（5）以预防为主，及时防治花、草、树木病虫害，同时注意保护环境，减少农药污染。

（6）定期对花木进行培土、树干涂白，防风害、日灼。对遭受自然损害的花木，及时进行修补、扶持和补苗。

（7）经常巡视小区的绿化地，严格制止践踏草地、倾倒垃圾或用树干晾晒被褥等行为，完善绿化围栏、隔离设施。

二、社区绿化人员的基本要求

1. 职业要求

社区绿化工程是由社区绿化人员所创造的，其责任感、事业心、质量观、业务能力和技术水平等均直接影响工程质量。作为一名社区绿化人员，应具备较强的职业道德素养。

（1）要有良好的体质和旺盛的精力。

（2）遵纪守法，爱岗敬业。

（3）忠于职守，服从领导，尊重设计师或上级的设计意图，严格按照要求施工，不偷工减料。

（4）刻苦学习，积极上进，努力提升专业知识与技能。

（5）具有创新的观念和策划性的思维，对于工作中出现的问题能够妥善处理。

（6）具有较强的团队精神，善于合作、协同工作。

（7）具有一定的市场观念和竞争意识。

（8）具有保护环境意识，树立环境可持续发展意识。

（9）爱护各种工具、设备和花、草、树木。

2. 专业要求

一名优秀的社区绿化人员，不仅要有良好的职业道德素质，还应具备较强的专业素质。

（1）熟悉植物形态和分类，掌握植物学的相关专业知识。

（2）熟悉常见社区绿化植物的名称、形态特征、生活习性、栽培与养护管理。

（3）掌握社区绿化植物繁殖、培育、栽植和养护知识。

（4）对社区绿化植物有特殊敏感性，熟悉当地主要社区树木、花卉及草坪植物类型与习性。

（5）掌握测量技术，能准确定点放线等。

3．操作技能

（1）掌握社区绿化常用工具的使用技能。

（2）熟练掌握社区绿化植物的栽培与养护管理技术。比如植物的选种、育苗、移植（铺植）、嫁接、修剪、施肥、灌溉、除杂草，以及病虫害的识别和预防应对方法。

第二单元　绿化养护基础知识

✎ **本单元学习目标：**
1. 熟悉常见园林植物。
2. 了解园林植物的种植形式及应用状况。
3. 掌握社区绿化常用工具的使用与保养方法。

模块一　常见园林树木、花卉

园林树木、花卉是社区绿化的植物主体。园林树木是指应用于城市园林绿化的木本植物，包括乔木、灌木、藤木和竹类共四大类。花卉则是指应用于城市园林绿化的具有观赏价值的草本植物，包括一二年生花卉、宿根花卉、球根花卉和水生花卉四大类。

一、乔木

乔木是指直立生长、具有明显主干的木本植物。

1. 银杏（白果树、公孙树）

落叶乔木。树冠广卵形。叶片扇形，有二叉状叶脉，顶端常二裂，秋叶黄色。种子核果状，9—10 月成熟（见图 2—1）。

2. 日本冷杉

常绿乔木。树冠幼时呈尖塔形，老时呈广卵状圆锥形。叶条形，端呈二叉状（见图 2—2）。

3. 雪松

常绿乔木。树冠圆锥形，树冠及地。叶针形，散生（见图 2—3）。

4. 白皮松

常绿乔木。树冠圆头形，树皮淡灰绿色，片状剥落，冬芽卵形，赤褐色。针叶三针一束（见图2—4）。

图2—1 银杏

图2—2 日本冷杉

图2—3 雪松

图2—4 白皮松

5．黑松

常绿乔木。树冠狭圆锥形，老呈伞状，冬芽圆柱形，银白色。针叶二针一束，粗硬（见图2—5）。

6．水杉

落叶乔木。树冠幼时尖塔形，老呈广圆头形。叶交互对生，叶基部扭转排成两列，叶片条形，冬季与无芽小枝一起脱落，秋叶红褐色（见图2—6）。

图2—5　黑松　　　　　　　　图2—6　水杉

7. 桧柏（圆柏）

常绿乔木。树冠尖塔形，老呈广卵形，枝叶暗绿。叶二型，刺叶三叶轮生，鳞叶交互对生，生鳞叶小枝方形（见图2—7）。

8. 龙柏

常绿乔木。树冠圆柱形，小枝密，枝叶翠绿。几乎全为鳞叶，偶有刺叶，生鳞叶小枝方形（见图2—8）。

图2—7　桧柏　　　　　　　图2—8　龙柏

9. 罗汉松

常绿乔木。树冠广卵形，枝密生。单叶互生，叶片条状披针形，中脉明显。种子核果状，绿色，着生于肉质、红色的种托上，种子8—10月成熟（见图2—9）。

10. 加拿大杨

落叶乔木。树冠卵圆形。单叶互生，叶片三角形（见图2—10）。

图2—9　罗汉松　　　　　　　图2—10　加拿大杨

11. 垂柳

落叶乔木。树冠倒广卵形，小枝绿色、细长、下垂。单叶互生，叶片线状披针形（见图2—11）。

12. 广玉兰（荷花玉兰、洋玉兰）

常绿乔木。树冠阔圆锥形。单叶互生，叶片革质，倒卵状长椭圆形，背面有铁锈色短柔毛。花顶生，大型，白色，芳香，花期5—7月（见图2—12）。

13. 玉兰（白玉兰、望春花）

落叶乔木。树冠近球形。单叶互生，叶片卵状长椭圆形。花大，顶生，花被片白色或基部有紫红色，花期3—4月（见图2—13）。

图2—11　垂柳　　　　　　　图2—12　广玉兰

14．马褂木（鹅掌楸）

落叶乔木。树冠圆锥状。单叶互生，叶片形似马褂。花单生枝顶，黄绿色，花期4月（见图2—14）。

图2—13　玉兰　　　　　　　图2—14　马褂木

15．香樟（樟树）

常绿乔木。树冠球形，具有细胞，有香气。单叶互生，具三出脉，基部脉腋有腺体（见图2—15）。

16. 枫香（枫树）

落叶乔木。树冠卵形，树液芳香。单叶互生，叶片常三裂，秋叶红色。聚花果球形，径约 4 cm（见图 2—16）。

图 2—15　香樟

图 2—16　枫香

17. 悬铃木（法国梧桐）

落叶乔木。树皮片状剥落，内皮灰白色，幼枝被茸毛。单叶互生，叶片掌状开裂，秋叶红褐色。球形聚花果多为两个一串（见图 2—17）。

18. 桃

落叶小乔木。侧芽并列，密被灰色茸毛。单叶互生，叶片椭圆状披针形。花单生叶腋，粉红色、红色、白色等，花期 3 月（见图 2—18）。桃的品种有：垂枝桃，枝下垂；寿星桃，节间缩短，植株矮小；紫叶桃，叶紫色。

19. 梅

落叶小乔木。叶片卵形。花单生叶腋，粉红色、红色、绿色、白色等，花期 2～3 月（见图 2—19）。梅的品种有：垂枝梅，枝下垂；龙游梅，枝自然扭曲。

20. 日本樱花

落叶小乔木。小枝幼时有毛。单叶互生，叶片卵状椭圆形至倒卵形，叶柄顶端有腺体。花 3～6 朵排成伞房花序，单瓣，浅粉红色，花期3月下旬至4月上旬，先花后叶（见图2—20）。

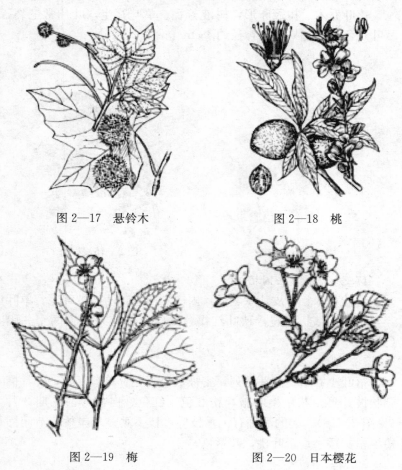

图2—17 悬铃木   图2—18 桃

图2—19 梅   图2—20 日本樱花

21. **日本晚樱**

落叶乔木。植株无毛。花重瓣，花期4月中下旬（见图2—21）。

22. **垂丝海棠**

落叶小乔木。树冠疏散，枝开展。单叶互生，叶片卵形至长卵形，叶柄、中脉及叶缘常带暗紫红色。花4～7朵簇生，鲜玫瑰红色，花期4月（见图2—22）。

图2—21 日本晚樱　　　　　　图2—22 垂丝海棠

23. 合欢

落叶乔木。树冠伞形。二回偶数羽状复叶互生，小叶镰刀状，中脉偏于一侧。花序头状，再排成伞房花序，花淡粉红色，花期6—8月（见图2—23）。

24. 凤凰木

落叶乔木。树冠伞形。二回偶数羽状复叶互生。伞房状总状花序腋生，花红色，花期5—8月（见图2—24）。

图2—23 合欢　　　　　　　　图2—24 凤凰木

25. 槐树

落叶乔木。树冠圆球形，小枝绿色，芽藏于叶柄基部。羽状复叶互生，小叶卵形至卵状披针形。圆锥花序顶生，花浅黄绿色，花期7—8月。荚果串珠状，10月成熟（见图2—25）。其品种之一的盘槐（龙爪槐），枝呈下垂状。

26. 刺槐（洋槐）

落叶乔木。枝具托叶刺。羽状复叶的小叶椭圆形。总状花序腋生，花白色，花期5月。荚果扁平（见图2—26）。

图2—25 槐树　　　　　　图2—26 刺槐

27. 鸡爪槭

落叶小乔木。枝开展，树冠伞形。单叶对生，叶片掌状深裂，秋叶红色（见图2—27）。其品种有：红枫，叶片掌状裂几达基部，嫩叶和老叶均红色；羽毛枫，叶片掌状全裂，裂片再羽状深裂；红羽毛枫，除叶红色外，其他与羽毛枫相同。

28. 七叶树

落叶乔木。树冠球形。掌状复叶对生，小叶5～7枚。圆锥花序顶生，花白色，花期5月（见图2—28）。

29. 黄山栾树

落叶乔木。树冠近圆球形，树皮黄褐色，小枝稍有棱，无顶

图 2—27　鸡爪槭

图 2—28　七叶树

芽，皮孔明显。二回奇数羽状复叶互生，幼树叶缘有锯齿，大则全缘。圆锥花序顶生，花黄色，花期 9 月。果囊状，椭圆形，10—11 月成熟（见图 2—29）。

30. 无患子

落叶乔木。树冠扁球形，树皮黄褐色，芽叠生。羽状复叶互生，小叶卵状披针形，基部不对称，全缘，秋叶黄色（见图 2—30）。

图 2—29　黄山栾树

图 2—30　无患子

31. 杜英

常绿乔木。树冠卵球形，树皮深褐色，小枝红褐色。单叶互生，叶片薄革质，倒卵状长椭圆形，绿叶丛中常有少量鲜红老叶（见图2—31）。

32. 木棉（攀枝花）

落叶乔木。树干粗大端直，大枝轮生，枝干具圆锥形皮刺。掌状复叶互生，小叶5～7枚，卵状长椭圆形，全缘。花红色，簇生枝端，花期2—3月，先花后叶（见图2—32）。

图2—31　杜英　　　　　　　图2—32　木棉

33. 山茶

常绿乔木。树冠卵圆形，枝叶密集。单叶互生，叶片革质，卵形，缘有细齿。花单生枝端叶腋，红色，花期3—4月（见图2—33）。其栽培品种繁多，花色除红色外，还有粉红色、白色和双色等，花瓣有单瓣、复瓣和重瓣等。

34. 白蜡树

落叶乔木。树冠卵圆形。羽状复叶对生，小叶5～9枚，小叶卵状椭圆形，基部不对称。圆锥花序，花密集，无花瓣，花期3—5月（见图2—34）。

图 2—33　山茶　　　　　　　　图 2—34　白蜡树

35．女贞

常绿乔木。枝开展，树冠圆形。叶对生，叶片革质，阔卵形至卵状披针形，全缘。圆锥花序顶生，花白色，花期 6—7 月。果肾圆形，紫黑色（见图 2—35）。

36．桂花

常绿小乔木。树皮灰色，芽叠生。叶对生，叶片长椭圆形。花簇生叶腋，芳香，花期 9—10 月（见图 2—36）。其品种有：金桂，花黄色；银桂，花近白色；丹桂，花橙色，香味淡；四季桂，花白色或黄色，四季开花。

37．鸡蛋花

落叶小乔木。枝粗壮肉质。叶互生，集生枝端，叶片长椭圆形，全缘。聚伞花序顶生，花冠外面白色、内面黄色，芳香，花期 5—10 月（见图 2—37）。

38．泡桐（紫花泡桐）

落叶乔木。树冠宽大圆形，枝干皮孔明显。叶对生或三叶轮生，叶片阔卵形，掌状浅裂。顶生圆锥花序，花紫色，花期 4 月（见图 2—38）。

图 2—35　女贞

图 2—36　桂花

图 2—37　鸡蛋花

图 2—38　泡桐

39.梓树

落叶乔木。树冠开展，树皮灰褐色，纵裂。单叶对生或三叶轮生，叶片广卵形，掌状浅裂，背面基部脉腋有紫色腺斑，嫩叶有腺毛。圆锥花序顶生，花淡黄色，花期 5 月。果细长如筷，长20～30 cm（见图 2—39）。

40. 棕榈

常绿乔木。树干圆柱形。叶簇生干顶，近圆形，掌状深裂，叶柄基部扩大抱茎。圆锥状肉穗花序腋生，花黄色，花期5月。果近球形，10月成熟（见图2—40）。

图2—39 梓树　　　　　　　　图2—40 棕榈

二、灌木

灌木是指无明显主干、丛生状的木本植物。

1. 牡丹

落叶灌木。高达2 m。二回羽状复叶互生。花单生枝顶，花径10～30 cm，花形、花色丰富，花期4月中旬至5月（见图2—41）。

2. 南天竹

常绿灌木。高达2 m，丛生而少分枝。二至三回羽状复叶互生，秋叶红色。花白色，花期5—7月。果球形，红色，果期10月（见图2—42）。

3. 含笑（香蕉花）

常绿小乔木。作灌木栽培。单叶互生。花单生叶腋，浅黄色，具香蕉型香味，花期3—5月（见图2—43）。

图 2—41　牡丹

图 2—42　南天竹

4. 红花檵木

半常绿灌木至小乔木。枝密集。单叶互生，叶片卵形，基部不对称，紫红色。花 3～8 朵簇生，花瓣条形，粉红至紫红色，花期 3 月下旬至 4 月（见图 2—44）。

图 2—43　含笑

图 2—44　红花檵木

5. 蜡梅

落叶灌木。枝无顶芽。单叶对生，叶片卵状披针形，叶面粗

• 20 •

糙。花单生叶腋，黄色，花心紫红色，香味浓，花期12月至次年2月（见图2—45）。其品种之一的素心蜡梅，花纯黄色。

6. 火棘

常绿灌木至小乔木。枝拱形下垂，短侧枝常呈刺状。单叶互生，叶片倒卵形至倒卵状长椭圆形，先端圆。复伞房花序顶生，花白色，花期5月。果近球形，10月成熟，冬季红果累累（见图2—46）。

图2—45　蜡梅　　　　　　　图2—46　火棘

7. 日本贴梗海棠

落叶灌木。枝开展，具刺。单叶互生，叶片倒卵形至椭圆状倒卵形。花砖红色，3～5朵簇生于老枝上，花期3—4月（见图2—47）。

8. 月季花

常绿或半常绿灌木。枝具皮刺。羽状复叶互生，小叶多为5枚，少数品种可有7枚或9枚小叶。聚伞花序顶生（罕单花），春秋两季开花质量最好，其他季节也能开花，花色丰富，花朵大小差异也很大，大者达15 cm，小者仅5 cm（见图2—48）。

图 2—47 日本贴梗海棠　　　　　图 2—48 月季花

9. 紫荆（满条红）

落叶灌木至小乔木。单叶互生，叶片阔卵形，基部心形。花紫红色，数朵簇生于老枝上，花期 3—4 月，先花后叶（见图 2—49）。

10. 变叶木

常绿灌木。高 1～2 m。单叶互生，厚革质，叶片形状和颜色变异多。全株具乳状液体（见图 2—50）。

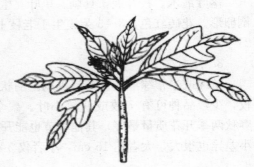

图 2—49 紫荆　　　　　　　图 2—50 变叶木

11. 黄杨（瓜子黄杨）

常绿灌木至小乔木。高达 6 m，枝四棱。单叶对生，叶片倒卵形（见图 2—51）。

12. 大叶黄杨（正木）

常绿灌木至小乔木。高可达 8 m，小枝四棱形。单叶对生，叶片椭圆形，缘有细钝齿。花绿白色，花期 5—6 月（见图 2—52）。其品种有：金边大叶黄杨，叶缘黄色；金心大叶黄杨，中脉周围黄色；银边大叶黄杨，叶缘白色。

图 2—51 黄杨

图 2—52 大叶黄杨

13. 木槿

落叶灌木。高 3～4 m，小枝幼时有毛。叶互生，叶片菱状卵形，端有时三裂。花单生叶腋，花色丰富，单瓣和重瓣均有，花期 6—10 月（见图 2—53）。

14. 茶梅

常绿灌木。枝开展，嫩枝有粗毛。叶互生，叶片椭圆形，叶缘有细齿，中脉略有毛。花白色或红色，花期 12 月至次年 2 月（见图 2—54）。

图 2—53　木槿　　　　　　　图 2—54　茶梅

15. 金丝桃

常绿灌木。高 1 m。叶对生，叶片长椭圆形。花黄色，顶生，雄蕊 5 束，花期 6—7 月（见图 2—55）。

16. 洒金东瀛珊瑚

常绿灌木。高达 5 m，小枝绿色。单叶对生，叶片椭圆状卵形，质厚，叶面具黄色斑点（见图 2—56）。

图 2—55　金丝桃　　　　图 2—56　洒金东瀛珊瑚

17. 八角金盘

　　常绿灌木。茎少分枝，直立，高 4～5 m。单叶互生，叶片大型，掌状 7～9 裂。伞形花序，花白色，花期 9—11 月。果球形，翌年 5 月成熟（见图 2—57）。

18. 杜鹃

　　常绿或半常绿灌木。枝密集。单叶互生。花一至数朵生于枝顶，花色有红、粉、白等，花瓣有单瓣、套瓣和重瓣之分，花期 4—6 月（见图 2—58）。根据花期的差异，分为春鹃和夏鹃，前者花期 4—5 月，先花后叶；后者花期 5—6 月，先叶后花。春鹃又根据叶和花的大小，分为大叶大花和小叶小花两类。酸性土植物，不耐涝，稍耐阴。

　　图 2—57　八角金盘　　　　　　　　图 2—58　杜鹃

19. 连翘

　　落叶灌木。高 3 m，枝直立，稍四棱，髓中空。单叶或有时三小叶，对生。花黄色，先花后叶，花期 4—5 月（见图 2—59）。

20. 金钟花

　　落叶灌木。高 1～2 m，枝直立，四棱，髓薄片状。单叶对生，椭圆形，中部以上有粗锯齿。花黄色，先花后叶，花期 3—5 月（见图 2—60）。

图 2—59　连翘　　　　　　　图 2—60　金钟花

21. 紫丁香

落叶灌木或小乔木。顶芽常缺，高可达 4 m。叶对生，叶片广卵形，基部心形，全缘。圆锥花序，花堇色，亦有白花品种，花期 4 月（见图 2—61）。

22. 云南黄馨

常绿灌木。枝方形，拱形下垂。三出复叶对生。花单生，黄色，花期 3—4 月（见图 2—62）。

图 2—61　紫丁香　　　　　　图 2—62　云南黄馨

23. 大花栀子

常绿灌木。高 1～3 m。叶对生或三叶轮生。花单生，白色，重瓣，花期 5—7 月（见图 2—63）。

24. 龙船花

常绿灌木。高 0.5～2 m。单叶对生，全缘。顶生伞房状聚伞花序，花红色或橙色，几乎全年开花（见图 2—64）。

25. 凤尾兰

常绿灌木。少分枝。叶剑形，集生茎顶，质硬。圆锥花序高 1 m，花白色，下垂，花期 5 月和 10 月（见图 2—65）。

图 2—63 大花栀子　　　图 2—64 龙船花　　　图 2—65 凤尾兰

三、藤木

藤木是指不能直立生长的木本植物。其适用于各类攀缘绿化。

1. 紫藤

落叶藤木。以茎缠绕攀缘。奇数羽状复叶互生。花期 3 月下旬至 4 月上旬（见图 2—66）。

2. 爬山虎

落叶藤木。以吸盘攀缘。单叶或三出复叶互生，秋叶红色（见图 2—67）。

图 2—66 紫藤　　　　　图 2—67 爬山虎

3. 葡萄

落叶藤木。以卷须攀缘。单叶互生，叶片掌状裂，卷须与叶对生（见图 2—68）。

4. 常春藤

常绿藤木。以不定根攀缘。单叶互生，叶片三角状卵形或三裂。果 4—5 月成熟，黄色（见图 2—69）。

5. 九重葛（三角花、叶子花、宝巾）

常绿藤木。以钩刺攀缘。单叶互生，叶片卵形。温度适宜可全年开花（见图 2—70）。

图 2—68 葡萄　　　　　图 2—69 常春藤

四、竹类

竹类是一类较特殊的木本植物，具根状茎（竹鞭），地上茎节间中空。竹类枝叶秀丽，具有高雅的气质，在造园绿化中具有独特的地位。

图 2—70　九重葛

1. 刚竹属

单轴散生型竹。春季出笋，竹秆节间分枝一侧有凹槽，节上分枝两枚，一大一小。绿化中应用的有毛竹（见图 2—71）、刚竹、淡竹、早园竹、紫竹等。

2. 孝顺竹

合轴丛生型竹。夏季出笋，秆高 2～7 m，径 1～3 cm，秆圆，节上分枝丛生，每小枝有叶 5～9 枚，排列成二列状（见图 2—72）。如凤尾竹，高 1～2 m，秆径不超过 1 cm，每小枝有叶十余枚，羽状排列。

3. 茶秆竹

复轴混生型竹。春季出笋，秆高 5～13 m，径 2～6 cm，节上分枝 1～3 枚，每小枝有叶 2～3 枚（见图 2—73）。

图 2—71　毛竹

图 2—72　孝顺竹

五、花卉

1. 鸡冠花

一年生。茎光滑，有棱沟。叶互生，绿色或红色。穗状花序顶生，肉质，花色有红、玫瑰紫、黄橙等（见图2—74）。

2. 一串红

多年生，一年生栽培。茎四棱，光滑，节常为紫红色。单叶对生。轮伞花序顶生，花色有红、白、粉紫等（见图2—75）。

图2—73　茶秆竹

图2—74　鸡冠花

图2—75　一串红

3. 矮牵牛（碧冬茄）

多年生，一年生栽培。全株具黏毛，茎直立或倾卧。叶卵形，全缘，上部对生，下部多互生。花单生，花色丰富（见图2—76）。

4. 金盏菊

二年生。全株具毛。叶互生，长圆至长圆状倒卵形，基部稍抱茎。头状花序单生，花色有黄、浅黄、橙等（见图2—77）。

图 2—76　矮牵牛　　　　　　　图 2—77　金盏菊

5. 万寿菊（臭芙蓉）

一年生。茎光滑而粗壮，绿色或有棕褐色晕。叶对生，羽状全裂，裂片披针形，具明显的油腺点。头状花序顶生，花色有黄、橙等（见图 2—78）。

6. 三色堇

多年生，二年生栽培。全株光滑，茎多分枝，常倾卧地面。叶互生，基生叶圆心形，茎生叶较狭。花单生，通常为黄、白、紫三色或单色，如纯白、浓黄、紫堇蓝、青古铜色等，或花朵中央具一对比色之"眼"（见图 2—79）。

图 2—78　万寿菊　　　　　　图 2—79　三色堇

7. 半支莲（龙须牡丹、太阳花）

一年生。茎匍匐或斜升，具束生长毛。叶棍状，肉质。花单生，花色有白、粉、红、黄、橙等（见图2—80）。

8. 长春花

多年生，一年生栽培。茎直立。叶对生，长圆形。花单生或数朵簇生，花色有蔷薇红、白等（见图2—81）。

图2—80 半支莲　　　　图2—81 长春花

9. 红叶甜菜

二年生。植株莲座状。叶暗紫红色。抽薹开花时茎明显（见图2—82）。

10. 羽衣甘蓝（叶牡丹）

二年生。植株莲座状。叶紧裹呈球状，叶色丰富，有紫红、粉红、白、牙黄、黄绿等。抽薹开花时高可达1 m（见图2—83）。

11. 菊花

多年生宿根。单叶互生，叶形变化大。花形多，花色丰富，花期10—12月（见图2—84）。

12. 美人蕉

多年生宿根。地上茎直立而不分枝。叶互生，叶柄鞘状。单歧聚伞花序总状，花色艳丽，花期夏秋（见图2—85）。

图 2—82 红叶甜菜

图 2—83 羽衣甘蓝

图 2—84 菊花

图 2—85 美人蕉

13. 石蒜

多年生鳞茎植物。叶线形，花后抽生。花葶直立，伞形花序有花 4～12 朵，花期 9—10 月（见图 2—86）。

14. 荷花

多年生宿根水生。根状茎节间膨大，称为藕。叶圆形，盾状着生，挺出水面。花高于叶，径 10～25 cm，花色有红、粉红、白等，花期6—9月（见图2—87）。

15. 睡莲

多年生块根水生。叶基部心形，叶和花均浮水生。花色有红、白、黄、浅蓝等，花朵白天开放、夜晚闭合，花期6—9月（见图2—88）。

图2—86 石蒜

图2—87 荷花

图2—88 睡莲

模块二 园林植物种植形式及应用

一、园林植物种植形式

1. 规则式

规则式又称整形式、几何式、图案式等，指园林植物种植成整齐的行或列，且行列间距相等，或种植成规整形状或对称种植。

（1）表现形式。按照是否成对称形式，规则式又分为对称式与不对称式两种。

1）规则对称式。规则对称式是指植物除了个体形态一致或相似，其平面布置有明显的中轴线或对称中心，或形成规则图案。这种形式通常用于规则园林或纪念性园林、广场、交通环岛等较为规则或气氛严肃的园林绿地。

2）规则不对称式。规则不对称式种植形式在平面布置上没有明显的中轴线或对称中心，景观具有一定变化，比对称式活泼而具有动感，常用于街头绿地、小游园等对轴线或对称中心要求不严格的园林。

（2）常见形式。规则式种植形式多出现在规则式园林中，多以修建规整的绿篱、整形树、模纹景观及整形草坪等来表现。常见的形式有平整的草坪，其以直线或以几何曲线形规整绿篱作为边缘，还有模纹花坛或组成大规模的花坛组群。

★提示：

规则式绿地种植形式在绿化中较为常用，对美化街景和丰富区域轮廓线有着重要的作用，出现在园林中则具有整齐、严谨、庄重的效果，体现了线条与图案的人工艺术美。

2. 自然式

自然式是相对于规则式而言的。此种植形式没有明显的轴线、对称中心或直线，自然流畅的曲线占据主导地位。

（1）表现形式。自然式种植有多种表现形式，具体如下：

1）植物保持原有个体形态。

2）植物种植分布自由变化，没有固定的株行距，没有对称关系，疏密有致。

3）竖向景观富于变化，错落有致。

总的来说，自然式种植形式是以自然界植物生态群落为蓝本，充分发挥树木自然生长的姿态与其生态习性，以人工种植模拟自然，应用植物种类丰富，形式变化多样，创造出生动、活泼、逼真的自然植物景观。

（2）常见形式。自然式种植在综合性公园、庭院、街头游园、居住区等园林绿地中常见，用疏林草地、自然式花坛、花境等方式，表现自然式植物群落。

3. 混合式

混合式是自然式与规则式相结合的一种种植形式。如果大面积采用规则式会感觉单调，而大面积采用自然式会因中心景观不突出而使景观变得平庸，因此，在园林中通常以规则式与自然式混合应用，以达到良好的景观效果。

（1）特点。混合式具有自然美与人工美统一、活泼轻快、整齐划一的特点。

（2）应用情况。从应用所占的比例上，自然式与规则式混合应用可以有 3 种情况：

1）以自然式为主，即大面积自然式园林中穿插规则式。

2）以规则式为主，即大面积规则式园林中穿插自然式。

3）自然式与规则式应用比例相当。

只有上述第三种方式可称为混合式。

二、常见园林植物应用

园林中常见的植物主要有乔木、灌木、藤木、花卉、草坪与地被。社区绿化人员要熟悉常见植物的应用。

1. 乔木

（1）规则式。一般用于道路绿化、入口处、广场及规则式园林、绿篱（高墙）等。其形式整齐、格局鲜明，具有强调、引导、边界等作用，具体见表2—1。

表 2—1 乔木规则式绿化

序号	类别	具体内容	备注
1	道路绿化	遮阳和强调道路线性空间。用于道路尤其是公路绿化时，常选较为高大、冠幅饱满的乔木，如悬铃木、泡桐、香樟、白蜡等	（1）北方公路绿化中较多采用落叶树，也有用针叶树的 （2）南方常用一些常绿树种，如樟树、榕树、广玉兰等
2	入口处	为了强调入口或大门，在入口两侧规则式种植乔木	（1）北方多采用雪松、油松、虎皮松等景观效果好的树种 （2）南方多采用棕榈、王棕等
3	广场	特别是规则式广场和规则式园林中乔木的种植，或者沿边线，或者呈树阵式，或者呈几何图形	
4	绿篱（高墙）	往往出现在规则式园林中，是乔木的一种特殊用法，多采用常绿树种，如侧柏、圆柏、榕树等	

（2）自然式。乔灌木的自然式搭配绿化在城市绿化中较为常见，可以体现出植物群落的丰富层次，使城市绿化景观自然、活泼、富有动感。

2. 灌木

灌木的种植主要是规则式和自然式两种。

（1）自然式。灌木绿化的自然式种植较为常见，在街头、公园、居住区等绿地中比较常见，面积小时三五成丛，面积大时成群散植，疏密有致，层次丰富。

（2）规则式。灌木的规则式种植一般用于道路绿化和镶边的形式，如规整的黄杨球成行成列、修剪成形的绿篱等。

3. 藤木

藤木本身的生长就是自然的，只看人为的设计中使它所攀爬的承载物是否是规则的。例如，在入口或广场上两个对称的廊架，或是外墙体表面等，这些尚且可以称为规则式，除此之外均以自然式为主。

4. 花卉

在园林绿地中，花卉有许多种植形式，主要有花坛、花境、花丛 3 种形式，具体见表 2—2。

表 2—2　　　　　　　　　　　　花卉应用

序号	类别	具体内容
1	花坛	（1）标题式花坛，是指整个花坛布置围绕着一个主题思想，通过各种花卉来表现主题 （2）模纹式花坛，主要以复杂精美的图案样式来表现 （3）花丛式花坛，主要体现草本花卉植物的色彩，通常选择开花繁茂、花大色艳、枝条较少、花期一致的花卉 （4）立体花坛，是在立体造型的骨架上，按设计要求栽植花卉组成具有一定立体艺术效果的花坛结构
2	花境	由多年生花卉为主组成的带状绿地。多种花卉混栽，混栽遵循花卉生长期原则，尽量做到花境景观不断
3	花丛	由 3～5 株甚至 10 多株花卉组成自然式栽植，常用于建筑基础绿化、道路边缘、入口处等，景观表现自然

5. 草坪与地被

（1）草坪。草坪可分为单纯草坪、混合草坪、缀花草坪 3 种。

1）单纯草坪。由一种草坪植物组成。

2）混合草坪。由两种以上草坪植物与地被植物组成。

3）缀花草坪。在草坪上自然疏落地点缀低矮开花花草。

（2）地被。草坪地被绿化形式是由总体规划决定的，多以混合式出现。大型广场常以规则式布局，但大型的纯草坪越来越少，多用绿化植被点缀或与地被混栽，如疏林草地是自然式，也有自然式花境，有时会出现规则式缀花图案。

模块三　社区绿化常用工具

一、六齿耙

六齿耙（见图 2—89）主要用作平整土地，苗床整形，树坛、花坛整形。

图 2—89　六齿耙

1. 六齿耙的组件及作用

六齿耙的组件及作用，具体见表 2—3。

表 2—3		六齿耙的组件及作用
序号	组件	作用
1	钉耙	六齿耙的主件，主要起松土和整地作用
2	垫樽、楔樽、垫布	主要起固定钉耙和耙柄的连接作用
3	耙柄	六齿耙的重要配件

2. 六齿耙的组装

六齿耙组装的操作步骤如下：

（1）用垫布包住耙柄未削平的一侧。

（2）将垫樽凹处装入六齿耙的颈部，同时将耙柄的头部垫入钉耙脑的内缘。

（3）将楔樽装入耙柄（削平一侧）和垫樽之间，樽紧即可。装配角度，一般钉耙与耙柄的交角装成 70°左右。

3. 六齿耙的使用

使用时，使用者两脚前后站立，左右手握耙间隔 70 cm 左右。在拉土整地过程中，六齿耙既能向后拉耙，也能向前推耙。

4. 六齿耙的保养

平时用完后，只要擦净泥土，保持清洁即可。

★提示：

如长期不用，应将钉耙部分的内外泥土洗刷干净，干燥后涂抹黄油或机油保管。

二、锄头

锄头主要用来除草、松土。

1. 锄头的组件及作用

锄头的组件及作用，具体见表 2—4。

2. 锄头的开口

开口主要是指新锄刀的刀口部分。开口刀刃和砂轮的接触角度通常以 3°～5°为宜。

表 2—4   锄头的组件及作用

序号	组件	作用
1	锄刀	锄头的主件，主要作用是松土、锄草等
2	楔榫	位于垫榫和锄柄之间，是楔形的小木块，作用是使榫紧贴锄刀和锄柄、锄刀连接牢固
3	垫榫	紧贴锄头的衬垫物，是一个略呈凹形的小木块，能固定锄刀和锄柄的连接
4	垫布	紧贴锄脑内缘的垫物，能调节锄刀和锄柄之间的角度
5	锄柄	装配锄刀的主要配件，竹柄、木柄均可

3. 锄头的磨刀

锄头在开口后即可磨刀。磨刀时，右手握锄刀的颈部，左手指按在锄刀中间部位，右手将锄刀的颈部稍微抬起，使刀刃和砂石成 $2°\sim3°$ 交角，然后两手同时用力前推后拽，不断磨之即可。

4. 锄头的组装

锄头组装的操作步骤如下：

（1）用垫布包住锄柄未削平的一侧。

（2）将垫榫凹处装入锄刀的颈部，同时将锄柄的头部垫入锄刀颈部的内缘。

（3）最后将楔榫装入锄柄（削平一侧）和垫榫之间，榫紧即可。

★提示：

　装配角度，一般锄把与锄柄的交角装成 $60°$ 左右，也可根据使用者的身高确定安装的角度。

5. 锄头的使用

根据草情，可将锄草方式分为两种，一种是"拉锄"，另一种是"斩锄"。

（1）拉锄。拉锄时，两手先将锄头端起向前送出，锄刀下落时，两手略用力，使锄刀落下时顺势把锄头向后拉拽，将草除掉。

（2）斩锄。斩锄时，锄头下落时要用力，然后往回斩草。

6．锄头的保养

使用后，将锄头上的泥土擦净，放妥即可。如较长时间不用，保养时应清除泥土，磨好，涂抹黄油或机油挂好，或用塑料薄膜包好收藏。

三、铁锹

铁锹（见图 2—90）主要用于翻地、挖穴、开沟、起苗、种植、整理地形等。

图 2—90　铁锹

1．铁锹的组件及作用

铁锹的组件及作用，具体见表 2—5。

表 2—5　　　　　　　　　铁锹的组件及作用

序号	组件	作用
1	锹面	铁锹的主体，有圆口和方口之分，园林作业主要靠锹的作用
2	锹柄	通常是木制的，也有铁制的，主要作用是连接铁锹，便于操作
3	铆钉	作用是牢固连接锹面和锹柄

2. 开口磨刀

铁锹开口可在砂轮上进行。开口时，将铁锹背面的锹刃贴紧砂轮均匀摩擦，锹刃和砂轮的交角以 3°～5°为宜；将锹刃置于砂石上，来回推磨，直至锹刃锋利光滑为止。

3. 铁锹的组装

铁锹组装的操作步骤如下：

（1）将已削好的锹柄下端插入铁鞘。

（2）锹面朝上，将锹柄紧紧锤入铁鞘，使两者无活动余地，然后用铆钉铆牢即可。

4. 铁锹的使用

使用时，人体自然站立，微收腹，重心略向前倾；右手把握锹柄支点，左手握住把手，用右脚踏住锹的右肩，用力蹬踏；左手将锹柄向后扳拉，右手同时向上，用力翻挖即可。

5. 铁锹的保养

保养分为临时保养和长期保养。

（1）临时保养。除净锹面上的泥土和污物，磨好擦干，即可继续使用。

（2）长期保养。在锹面上涂抹黄油或机油，存放在较干燥的地方。

四、手锯

手锯（见图 2—91）用于园林植物定型和整形的大枝修剪、移植植物时的根系修剪。

图 2—91　手锯

1. 手锯的组件及作用

手锯的组件及作用，具体见表2—6。

表 2—6　　　　　　　　　　　手锯的组件及作用

序号	组件	作用
1	锯片	构成手锯的主要附件，锯片上有锯齿，主要用来锯断枝条
2	锯把	与锯片连接，便于有效操作锯片，更好地发挥手锯的作用
3	铆钉	将锯片、锯把有机连接，起牢固连接作用

★提示：

　　锉过的锯齿应该厚薄一致、大小一致、斜面一致、齿锋锐利。

2. 手锯的使用

手锯携带方便、使用灵活，其作用、使用方法、动作、姿势常因修剪锯截的方法不同而异。在使用手锯时，无论怎样操作，锯片拉拽路线必须直来直去，用力均匀，不偏不倚。

3. 锉齿

手锯使用后，齿锋锐减，锉齿能使锯齿恢复锋利。具体操作如下：

（1）锉齿时，将锯片的背面置于0.5 cm 粗线形的木槽中，或用钢丝钳夹紧锯片背面。

（2）将扁锉贴紧锯齿的斜面，来回急速锉磨。

（3）待同方向的齿斜面锉好后，再把锯片另一齿斜面调转过来，用同样的方法锉磨。

4. 矫齿

手锯使用后，尤其是使用时间较长或锯截较大枝干后，锯片上的锯齿经磨损往往会产生平直现象，对此必须加以矫正。

矫正时,将锯片的背面置于木槽内或用钢丝钳夹紧,用矫正器对锯齿一一扳矫,扳矫过的锯齿应齿面一致、角度大小一致。

5. **手锯的保养**

手锯使用后,及时清除锯齿及锯片上的残留物。如较长时间不用,还应在锯片各部位涂抹黄油,装入塑料袋内,置于干燥处,以防生锈。

五、大草剪

大草剪(见图2—92)主要用于草坪、绿篱、球类和树木造型的修剪。

图2—92 大草剪

1. **大草剪的组件及作用**

大草剪的组件及作用,具体见表2—7。

表 2—7　　　　　　　　大草剪的组件及作用

序号	组件	作用
1	剪片	大草剪的主要部件之一,由两片形状相同、方向相反的弧形铁片组成。修剪植物主要靠剪片的作用
2	剪把	也称把手,是操作者操作的把手

2. **磨刀**

(1)正面。大草剪磨刀时,正面应手磨,将剪片正面平放在砂石上,右手握把,左手指揿压在剪片上,前推后拽,反复进行即可。

（2）背面。在磨背面时，将剪片背面的斜面紧贴砂石，前推后拽，反复进行，直至磨快磨平为止。

3. 大草剪的使用

大草剪的使用，具体如图2—93所示。

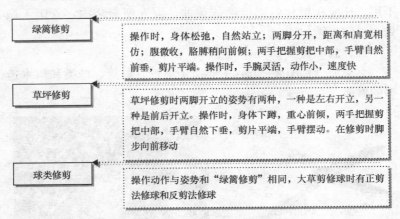

图2—93 大草剪的使用要领

4. 大草剪的保养

大草剪使用后，应及时磨剪片及磨去磨口部分的树液积垢。如果久放不用，可在剪片和剪刀部涂抹黄油，以防生锈。

六、剪枝剪（弹簧剪）

剪枝剪（见图2—94）主要用于修剪、采集插穗等。

1. 开口磨刀

开口磨刀的操作步骤如下：

（1）先将螺母旋开，然后把螺钉旋开。

（2）粗磨时把剪刀的外侧面置于平直的细砂轮上，略加开口即可在细砂轮上

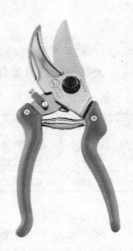

图2—94 剪枝剪

磨刀。

（3）开口细磨刀时，右手把握剪把，右手食指和中指轻压内侧面，把外侧面斜面的斜口放在磨刀石上来回推磨。

2. 剪枝剪的使用

修剪时，用剪枝剪的外侧面贴靠树干面，剪截面平整、不留桩头，如图 2—95 所示。在剪截较粗枝条时，可用左手随着剪口的方向向后推，即可完成，如图 2—96 所示。

图 2—95　剪细枝

图 2—96　剪粗枝

3. 剪枝剪的保养

剪枝剪使用后，应及时清除垢物和泥土，磨好后保管备用。此外，还应经常拆装并刃磨，在螺钉、螺母周围涂抹机油，以保证使用时轻便、灵活、不生锈。

七、割灌机

割灌机（见图 2—97）是园林工作中经常使用的一种园林机械，主要用于林中杂草清除、低矮小灌木的割除和草坪边缘的修剪。

1. 割灌机的组件

割灌机由动力、离合器、传动系统、工作装置、操纵控制系统和背挂部分组成。

割灌机的传动系统由传动轴和一对圆锥减速齿轮组成，有软轴割灌机和硬轴割灌机之分。

割灌机的工作装置有多种形式，如尼龙绳、活络刀片、二齿刀片、三齿刀片、四齿刀片、多齿圆锯片等。在割除灌木和修理枝杈时应使用多齿圆锯片，而在草坪平面上修剪或切边时，则可

图 2—97　割灌机

用尼龙绳。

2. 割灌机的分类

根据动力不同，割灌机分为电动割灌机和内燃割灌机。在家庭或电源方便的地方可使用电动割灌机，多数场合使用二冲程汽油内燃机为动力的割灌机。

3. 操作前的检查

割灌机在操作前应注意以下方面：

（1）检查安全装置是否牢固，各部分的螺钉和螺母是否松动，燃油是否漏出。特别是刀片的安装螺钉及齿轮箱的螺钉是否紧固，如有松动应拧紧。

（2）检查工作区域内有无电线、石头、金属物体及妨碍作业的其他杂物。

（3）检查刀片是否有缺口、裂痕、弯曲等现象。

（4）检查刀片有无异常响声，如有要检查刀片是否夹好。

（5）先慢慢拉出启动绳，直到拉不动为止，待弹回后再快速有力地拉出。

（6）空负荷时应将油门扳至急速或小油门位置，防止发生飞车现象；工作时采用大油门。

（7）曲轴箱中的油全部用完重新加油时，手动润滑油泵最少压 5 次后再重新启动。

4. 割灌机的使用

割灌机使用过程中，操作者应注意以下方面：

（1）按规定穿工作服和佩戴相应劳保用品，如头盔、防护眼镜、手套、工作鞋等，还应穿颜色鲜艳的背心。

（2）加油前必须关闭发动机。工作中热机无燃油时，应停机 15 min 且发动机冷却后再加油。发动机热时不能加油，且油料不能溢出。添加完燃油后，将机器移到其他地方再发动。

（3）在作业点周围设立危险警示牌，以提醒人们注意。无关人员最好远离作业区 15 m 以外，以防被抛出来的杂物伤害。发动机运转时或在添加燃油时不要吸烟。

（4）必须先把安全装置装配牢固后再操作。注意怠速的调整，应保证松开油门后刀头不能跟着转。

（5）操作中一定要紧握手把，为了保持平衡应适当分开双脚。如碰撞到石块、铁丝等硬物，或是刀片受到撞击时，应将发动机熄火，检查刀片是否损伤，如果有异常现象，不要使用。

（6）操作中断或移动时，一定要先停止发动机，搬动时要使刀片向前方。搬运或存放机器时，刀片上一定要有保护装置。

（7）只能用塑料绳做切割头，不能用钢丝替代塑料绳。

（8）长时间使用时，中间应休息，同时检查各个零部件是否松动，特别是刀片部位。

（9）工作中要想接近其他人，须在 10 m 以外的地方给信号，然后从正面接近。

（10）在高温和寒冷的天气作业时，为了确保安全，不要长时间连续操作，一定要有充分的休息时间。

（11）雨天为了防止滑倒，不要进行作业，大风天气或大雾等恶劣气候下也不要进行作业。

5. 割灌机的保养

（1）磨合期的保养。新出厂的割灌机从开始使用直到第三次灌油期间为磨合期，使用时不要让发动机无载荷高速运转，以免在磨合期间给发动机带来额外负担。

（2）长时间全负荷作业后的保养。工作期间长时间全负荷作业后，应让发动机做短时间空转，让冷却气流带走大部分热量，使驱动装置部件（点火装置、化油器）不至于因为热量积聚带来不良后果。

（3）空气滤清器的保养。将风门调至阻风门位置，以免污物进入进气管。把泡沫过滤器放置在干净、非易燃的清洁液（如热肥皂水）中清洗并晾干。毡过滤器太脏时需更换，不太脏时可轻轻敲一下或吹一下，但不能清洗毡过滤器。注意，损坏的滤芯必须更换。

（4）火花塞的检查。如果出现发动机功率不足、启动困难或者空转故障时，应首先检查火花塞。清洁已被污染的火花塞，检查电极距离，正确距离是 0.5 mm，必要时可调整。为了避免火花产生和火灾危险，如果火花塞接线有分开的接头，一定要将螺母旋到螺纹上并旋紧，将火花塞插头紧紧压在火花塞上。

6. 割灌机的保管

如果连续 3 个月以上不使用割灌机，则要按以下方法保管：

（1）在通风处放空汽油箱并清洁。

（2）放干化油器，否则化油器泵膜会粘住，影响下次启动。

（3）启动发动机，直至发动机自动熄火，彻底排净燃油系统中的汽油。

（4）彻底清洁整台机器，特别是汽缸散热片和空气滤清器。

（5）润滑割灌机各润滑点。

（6）机器放置在干燥、安全处保管，防止无关人员接触。

八、草坪割草机

正确使用和维护草坪割草机可延长其使用寿命。

1. 草坪割草机的组成

草坪割草机由发动机（或电动机）、外壳、刀片、轮子和控制扶手等部件组成（见图 2—98）。

图 2—98　草坪割草机

2. 草坪割草机的分类

草坪割草机的分类，具体见表 2—8。

表 2—8　　　　　　　　草坪割草机的分类

序号	分类标准	种类	备注
1	动力	汽油为燃料的发动机式，电为动力的电动式和无动力静音式	一般常用的为发动机式、自走式、集草袋式、单刀片式、旋刀式机型
2	行走方式	自走式、非自走手推式和坐骑式	

序号	分类标准	种类	备注
3	集草方式	集草袋式和侧排式	
4	刀片数量	单刀片式、双刀片式和组合刀片式	
5	刀片割草方式	滚刀式和旋刀式	

3. 草坪割草机的使用

割草之前，必须先清除割草区域内的杂物。检查发动机的机油面、汽油量、空气滤清器过滤性能、螺钉的松紧度、刀片的松紧和锋利程度。冷机状态下启动发动机，应先关闭风门，重压注油器3次以上，将油门开至最大。启动后再适时打开风门。

★提示：

割草时，若割草区坡太陡，应顺坡割草；若坡度超过30°，最好不用草坪割草机；若草坪面积太大，草坪割草机连续工作时间最好不要超过4 h。

4. 草坪割草机的维护

使用后进行全面清洗，检查所有的螺钉是否紧固，机油油面是否符合规定，空气滤清器性能是否良好，刀片有无缺损等。根据草坪割草机的使用年限，加强易损配件的检查或进行更换。

九、绿篱修剪机

绿篱修剪机（见图2—99）的用途是修剪树篱、灌木。

1. 绿篱修剪机的使用

绿篱修剪机使用中应注意以下方面：

（1）在开始作业前，要先弄清现场的状况（地形、绿篱的性质、障碍物的位置、周围的危险度等），清除可以移动的障碍物。

（2）开始作业之前，要认真检查机体各部件，在确认没有螺钉松动、漏油、损伤或变形等情况后方可开始作业，特别是刀片以及刀片连接部位更要仔细检查。确认刀片没有崩刃、裂口、弯

图 2—99　绿篱修剪机

曲之后方可使用，绝对不可以使用已出现异常的刀片。

（3）使用研磨好了的锋利刀片。研磨刀片时，为防止刀刃崩裂，一定要把齿根部锉成弧形。

（4）在拧紧螺钉上好刀片后，要先用手转动刀片，检查有无上下摆动或异常声响。如有上下摆动的现象，则可能引起异常振动或刀片固定部分的松动。

（5）以操作者为中心，半径 15 m 以内为危险区域，为防他人进入该区域，要用绳索围起来或立标牌以示警告。另外，几个人同时作业时，要不时地互相打招呼，并保持一定间距，保证安全作业。

2. 使用注意事项

（1）使用前一定要认真阅读使用说明书，了解清楚机器的性能以及使用注意事项。

（2）为了避免发生意外事故，机器勿用于其他用途。

（3）绿篱修剪机安装的是高速往复运动的切割刀，操作失误极易发生危险。操作者在疲劳或不舒服的时候或者服用了感冒药、饮酒之后，不能使用绿篱修剪机。

（4）由于发动机排出的气体里含有对人体有害的一氧化碳，因此不要在室内、温室内或隧道内等通风不良的地方使用绿篱修剪机。

★提示：

以下几种情况不能使用机器作业：
· 脚下较滑，难以保持稳定的作业姿势时；
· 因浓雾或在夜间，对作业现场周围的安全难以确认时；
· 天气不好时（下雨、刮大风、打雷等）。

（5）初次使用时，一定要先请有经验者对绿篱修剪机的用法进行指导，方可开始实际作业。

（6）过度疲劳会使人的注意力降低，从而成为引发事故的原因，所以不要将作业计划安排得过于紧张，每次连续作业时间不能超过 30～40 min，中间要有 10～20 min 的休息时间，一天的作业时间应限制在 2 h 以内。

十、手动喷雾器

手动喷雾器是用人力喷洒药液的一种机械，由操作者背负，用手揿动摇杆使液压泵运动。其具有结构简单、重量轻、使用方便等特点，适用于温室、盆栽等小面积苗木的病虫害防治。

1. 手动喷雾器的组件

手动喷雾器的组件，具体见表 2—9。

表 2—9　　　　　　　手动喷雾器的组件及使用

序号	组件	说明
1	药液桶	药液桶是用薄钢板或塑料做成，外形呈鞍形，适于背负。桶壁标有水柱线，加液时液面不得超过此线；桶的加液线口处设有滤网，可防止杂物进入桶内，以保证喷头的正常工作

序号	组件	说明
2	液压泵	液压泵是皮碗式活塞泵，由泵筒、塞杆、皮碗及出水阀、吸水管、空气室等组成，作用是按要求开闭，控制进、出管路
3	空气室	空气室是一个中空的全封闭外壳，设置在出水阀接头的上方，作用是减少液压泵排液的不均匀性，使药液获得稳定而均匀的喷射压力，保证喷雾均匀一致
4	喷射部件	主要由套管、喷头、开关和胶管等组成，喷头是喷雾器的主要工作部件，药液的雾化主要靠它来完成

2. 手动喷雾器的安装

（1）装配前的检查。按说明书检查各部分零件是否齐备，各接头处的垫圈是否完好。

（2）塞杆的装配。新皮碗安装前应浸入机油或动物油中（忌用植物油），浸油时间不少于 24 h。

（3）泵筒组件的装配。泵筒与进水阀座要拧紧。

（4）塞杆组件的装配。注意将皮碗的一边斜放在泵筒内，然后使之旋转，将塞杆竖直，用另一只手将皮碗边压入泵筒内，切忌强行塞入。

（5）喷射件的装配。把喷头和套管分别接在喷杆的两端，套管再与直通开关连接，然后把胶管分别连接在直通开关和出水接头上。

（6）总体检验。揿动摇杆，检查吸气、排气是否正常。如果手上感到有压力，而且听到喷气的声音，说明泵筒完好，这时在皮碗上加几滴黄油即可使用；否则，说明泵筒中的皮碗已经变硬，应取出皮碗再次浸油，待皮碗胀软后再安装使用。

在药箱中加入适量清水，揿动摇杆做喷雾试验，检查各项运动是否灵活，喷雾雾流是否均匀，各零件连接处是否渗漏，必要时更换垫圈或拧紧连接件。

3. 手动喷雾器的使用

手动喷雾器使用中应注意以下方面：

（1）新皮碗使用前应浸入机油或动物油中，浸泡 24 h 后方可使用。

（2）正确选择喷孔。喷孔具有直径 1.3 mm 和直径 1.6 mm 两种喷头片。大孔片流量大、雾点粗，适用于较大植物；小孔片适用于植物幼苗期使用。

（3）背负作业时，应先揿动摇杆数次，使气室内的气压达到工作压力后再打开开关，边喷雾边揿动摇杆。每分钟揿动液压泵杆 18～25 次。操作时不可过分弯腰，以防止药液溅到身上。在喷射剧毒药液时，应注意安全操作，以防中毒。

★提示：

加药液不能超过桶壁上所示水柱线，以免从泵盖处溢漏，空气室中的药液超过安全水柱线时，应停止揿压泵杆。

如果揿动摇杆感到沉重，不能过分用力，以免气室爆炸。

作业中桶盖上的通气孔应保持畅通，以免药液桶内形成真空，影响药液的排出。

禁止用喷雾器喷洒氨水、硫酸铜等腐蚀性液体，以免损坏机具。

4. 手动喷雾器的保养

使用完毕必须用清水清洗内部与外壳，然后擦干桶内积水。久放不用，应先用碱水洗，再用清水洗刷、擦干，待干燥后存放。

第三单元　社区树木的栽植与养护

✍ **本单元学习目标:**

1. 掌握树木栽植工作步骤及各个步骤的操作要领、注意事项。

2. 掌握树木养护中各项业务——根部覆盖、灌溉、排水、杂草防治、整形修剪、施肥的操作要领、注意事项。

3. 掌握树木常见病虫害及防治要领。

模块一　树木的栽植

一、栽植前的准备工作

园林树木栽植准备工作的及时与否,直接影响到栽植进度和质量、树木的栽植成活率及其后的树体生长发育、设计景观效果的表达和生态效益的发挥。

1. 工具与材料准备

(1) 锹、镐——整理挖掘树穴。

(2) 剪、锯——修剪根冠。

(3) 杠、绳——短途转运。

(4) 筐、车——树穴换土。

(5) 冲棍——树木定植时加土夯实。

(6) 桩、槌——埋设树桩。

(7) 水管、水车——浇水。

(8) 车辆、设备装置——吊装树木。

（9）稻草、草绳等——包裹树体以防蒸腾或防寒。

（10）栽植用土、树穴底肥、灌溉用水等材料。

2．地形与土壤准备

（1）地形准备。必须使栽植地与周边道路、设施等的标高合理衔接，排水降渍良好，并清理有碍树木栽植和植后树体生长的建筑垃圾和其他杂物。

（2）土壤准备。对土壤进行测试分析，明确栽植地点的土壤特性是否符合栽植树种的要求，是否需要采用适当的改良措施，特别要注意土壤的排水性能。

3．定点放线与树穴开挖

（1）定点放线。行道树的定点放线，一般以路边或道路中轴线为依据，要求两侧对称、整齐。一般情况下，以树冠长大后株间发育互不干扰且能完美表达设计景观效果为原则。

★提示：

　　行道树栽植时要注意树体与邻近建（构）筑物、地下工程管路及人行道边沿等的适宜水平距离。

（2）树穴开挖。乔木类栽植树穴的开挖，在可能的情况下，以预先进行为好。特别是春植计划，若能提前至秋冬季安排挖穴，有利于基肥的分解和栽植土的风化，可有效提高栽植成活率。操作要点如下：

1）树穴的平面形状多以圆形、方形为主，以便于操作为准，可根据具体情况灵活掌握。

2）大坑有利树体根系生长和发育。如种植胸径为 5～6 cm 的乔木，土质又比较好，可挖直径约 80 cm、深约 60 cm 的坑穴。

3）缺水沙土地区，大坑不利保墒，宜小坑栽植；黏重土壤的透水性较差，大坑反易造成根部积水，除非有条件加挖引水暗沟，一般也以小坑栽植为宜。

4）竹类栽植穴的大小，应比母竹根蔸略大，比竹鞭稍长，栽植穴一般为长方形，长边以竹鞭长为依据。如在坡地栽竹，应按等高线水平挖穴，以利竹鞭伸展，栽植时一般比原根蔸深5～10 cm。

5）定植坑穴的挖掘，上口与下口应保持大小一致，切忌呈锅底状，以免根系扩展受碍。

6）挖穴时，应将表土和心土分边堆放，如有妨碍根系生长的建筑垃圾，特别是大块的混凝土或石灰下脚等，应予清除。情况严重的需更换种植土，如下层为白干土的土层，就必须换土改良。

7）地下水位较高的南方地区和多雨季节，应有排除坑内积水或降低地下水位的有效措施，如采用导流沟引水或深沟降渍等。

8）树穴挖好后，有条件时最好施足基肥。腐熟的植物枝叶、生活垃圾、人畜粪尿或经过风化的河泥、阴沟泥等均可利用，用量每穴10 kg左右。

★提示：

　　基肥施入穴底后，须覆盖深约20 cm的泥土，与新植树木根系隔离，以免因肥料发酵而产生烧根现象。

4. 树木准备

（1）树木调集。一般情况下，树木调集应遵循就近采购的原则，以满足土壤和气候生态条件的相对一致性。

（2）引进树木。对从苗圃购入或从外地引种的树木，应要求供货方在树木上挂牌、列出种名，必要时提供树木原产地及主要栽培特点等相关资料，以便了解树木的生长特性。

（3）植物检疫。加强植物检疫，杜绝重大病虫害的蔓延和扩散，特别是从外省市或境外引进树木，更应注意树木检疫、消毒。

二、树木起挖

树木挖掘前，先将蓬散的树冠捆扎收紧，既可保护树冠，也便于操作。

1. 裸根起挖

（1）移植养根。经移植养根的树木在挖掘过程中所能携带的有效根系，水平分布幅度通常为主干直径的 6～8 倍，垂直分布深度为主干直径的 4～6 倍，一般多在 60～80 cm，浅根系树种多在 30～40 cm。

（2）扦插苗木。绿篱用扦插苗木的挖掘，有效根系的携带量通常为水平幅度 20～30 cm，垂直深度 15～20 cm。

★提示：

　　起苗前如天气干燥，应提前 2～3 天对起苗地灌水，使土质变软，便于操作，多带根系；根系充分吸水后，也便于储运，利于成活。

（3）野生和直播实生树。由于野生和直播实生树的有效根系分布范围距主干较远，因此在计划挖掘前，应提前 1～2 年挖沟盘根，以培养可挖掘携带的有效根系，提高移栽成活率。

（4）注意事项

1）树木起出后要注意保持根部湿润，避免因风吹日晒而失水干枯。应及时装运、种植，运距较远时，根系应打浆保护。

2）对规格较大的树木，当挖掘到较粗的骨干根时，应用手锯锯断，并保持切口平整，切忌用铁锹硬铲。

3）对有主根的树木，在最后切断时要做到操作干净利落，防止发生主根劈裂。

2. 带土球起挖

一般常绿树、名贵树和花灌木的起挖要带土球，土球直径不小于树干胸径的 6～8 倍，土球纵径通常为横径的 2/3，灌木的土球直径为冠幅的 1/3～1/2。操作要点如下：

★提示：

　　为防止挖掘时土球松散，如遇干燥天气，可提前一两天浇以透水，以增加土壤的黏结力，便于操作。

　　（1）将树木周围无根生长的表层土壤铲去，在土球直径的外侧挖一条操作沟，沟深与土球高度相等，沟壁应垂直。

　　（2）遇到细根用铁锹斩断，胸径 3 cm 以上的粗根，则须用手锯断根，不能用锹斩，以免震裂土球。

　　（3）挖至规定深度，用锹将土球表面及周边修平，使土球上大下小呈苹果形。主根较深的树种，土球呈倒卵形。

　　（4）土球的上表面宜中部稍高、逐渐向外倾斜，其肩部应圆滑、不留棱角，包扎时比较牢固，扎绳不易滑脱。土球的下部直径一般不应超过土球直径的 2/3。

　　（5）自上而下修整土球至一半高时，应逐渐向内缩小至规定的标准。

　　（6）用利铲从土球底部斜着向内切断主根，使土球与地底分开。

　　（7）在土球下部主根未切断前，不得扳动树干、硬推土球，以免土球破裂和根系裂损。如土球底部已松散，必须及时堵塞泥土或干草，并包扎紧实。

　　3. 土球包扎

　　带土球的树木是否需要包扎，视土球大小、质地松紧及运输距离的远近而定。土球的包扎方法，具体见表 3—1。

表 3—1　　　　　　　　　土球包扎方法

序号	方法	具体内容	备注
1	扎腰箍	（1）土球修整完毕后，先用 1～1.5 cm 粗的草绳（若草绳较细时可并成双股）在土球的中上部打上若干道 （2）扎腰箍应在土球挖至一半高度时	（1）草绳最好事先浸湿以增加韧性，草绳干后收缩，使土球扎得更紧

序号	方法	具体内容	备注
		进行，2 人操作，一人将草绳在土球腰部位缠绕并拉紧，另一人用木槌轻轻拍打，令草绳略嵌入土球内，以防松散 （3）待整个土球挖好后再行扎缚，每圈草绳应按顺序一道道地紧密排列，不留空隙，不使重叠，到最后一圈时可将绳头压在圈的下面，收紧后切断 （4）腰箍扎好后，在腰箍以下由四周向土球内侧铲土掏空，直至土球底部中心尚有土球直径 1/4 左右的土连接时停止，开始扎花箍 （5）花箍扎毕，最后切断主根	（2）腰箍的圈数（即宽度）视土球的高度而定，一般为土球高度的 1/4～1/3
2	扎花箍	（1）井字包扎法：先将草绳一端结在腰箍或主干上，然后按照次序包扎，绕过土球的底部，重复包扎 （2）五星包扎法：先将草绳一端结在腰箍或主干上，然后按照次序包扎，绕过土球的底部，包扎拉紧 （3）橘子包扎法：先将草绳一端结在腰箍或主干上，再拉到土球边，依次序由土球面拉到土球底，如此继续包扎拉紧，直到整个土球均被密实包扎	（1）运输距离较近、土壤又较黏重条件下，常用井字包或五星包的扎式 （2）比较贵重的树木，运输距离较远或土壤的沙性较强时，常用橘子包扎式 （3）对名贵或规格特大的树木进行包扎，可以用两层甚至三层包扎，里层可选用强度较大的麻绳
3	简易包扎	对直径规格小于 30 cm 的土球，可采用简易包扎法： （1）将一束稻草（或草片）摊平，把土球放上，再由底向上翻包，然后在树干基部扎牢 （2）在土球径向用草绳扎几道后，再在土球中部横向扎一道，将径向草绳固定即可	用编织布和塑料薄膜为扎材的，栽植时需将其解除

三、树木装运

1. 装卸

（1）装车前的准备。对树冠进行必要的整理，如疏除部分过于展开妨碍运输的枝干，对松散的树冠要收拢捆扎等。

（2）装车操作。装车时需注意以下方面：

1）对带土球的树木要将土球稳定（可用松软的草包等物衬垫），以免在运输途中因颠簸而滚动。

2）土质较松散、土球易破损的树木，不要叠层堆放。

3）树体枝干靠着挡车板的，其间要用草包等软材作衬垫，防止车辆运行中因摇晃而磨损树皮。

4）树木全部装车后，要用绳索最后绑扎固定，防止运输途中相互摩擦碰撞和意外散落。

5）装卸时一定要做到依次进行、小心轻放，不要在装卸过程中乱堆乱扔。

★提示：

运距较远的露根苗，为了减少树体的水分蒸发，车装好后应用苫布覆盖。对根部特别要加以保护，保持根部湿润。必要时，可定时对根部喷水。

2. 包装运输

运距较远或有特殊要求的树木，运输时宜用包装，包装方法具体见表3—2。

表3—2　　　　　　　　　　　　包装方法

序号	方法	适用范围	具体内容	备注
1	卷包	规格较小的裸根树木远途运输	（1）枝梢向外、根部向内，互相错行重叠摆放，以蒲包片或草席等做包装材料 （2）用湿润的苔藓或锯末填充树木根部空隙	（1）卷包内的树木数量不可过多，叠压不能过实 （2）打包时必

序号	方法	适用范围	具体内容	备注
			（3）将树木卷起捆好后，再用冷水浸渍卷包，然后启运	须捆扎得法，以免在运输中途散包造成树木损失 （3）卷包打好后，用标签注明树种、数量以及发运地点和收货单位地址等
2	装箱	（1）运距较远、运输条件较差 （2）规格较小、树体需特殊保护的珍贵树木	（1）在定制好的木箱内先铺好一层湿润苔藓或湿锯末 （2）把待运送的树木分层放好，在每一层树木根部中间需放湿润苔藓（或湿锯末等）作保护 （3）为了提高包装箱的保湿能力，可在箱底铺以塑料薄膜	（1）不可为了多装树木而过分压紧挤实 （2）苔藓不可过湿，以免腐烂发热

四、假植

树木运到栽种地点后，因受场地、人工、时间等主客观因素影响而不能及时定植者，则须先行假植。

1. 假植地点

假植地点，应选择靠近栽植地点、排水良好、阴凉背风处。

2. 假植方法

树木假植具体操作步骤如下：

（1）开一条横沟，其深度和宽度可根据树木的高度来决定，一般为 40～60 cm。将树木逐株单行挨紧斜排在沟内，倾斜角度可掌握在 30°～45°，使树梢向南倾斜。

（2）逐层覆土，将根部埋实。

（3）掩土完毕后，浇水保湿。

3．注意事项

（1）经常注意检查，及时给树体补湿，发现积水要及时排除。

（2）假植的裸根树木在挖取种植前，如发现根部过干，应浸泡一次泥浆水后再植，以提高成活率。

（3）带土球树木的临时假植也应尽量集中，树体直立，将土球垫稳、码严，周围用土培好。

★提示：

　　如假植时间较长，同样应注意树冠适量喷水，以增加空气湿度，保持枝叶鲜挺。临时假植时间不宜过长，一般不超过 1个月。

五、定植

1．冠根修剪

（1）落叶乔木

1）对于较大型的落叶乔木，尤其是生长势较强、容易抽出新枝的树种，如杨、柳、槐等，可进行强修剪，树冠可减少 1/2以上。

2）具有明显主干的高大落叶乔木，应保持原有树形，适当疏枝，对保留的主侧枝应在健壮芽上短截，可剪去枝条的 1/5～1/3。

3）无明显主干、枝条茂密的落叶乔木，干径 10 cm 以上者，可疏枝保持原树形；干径为 5～10 cm 的，可选留主干上的几枝侧枝，保持适宜树形进行短截。

（2）常绿乔木

1）枝条茂密具有圆头形树冠的常绿乔木，可适量疏枝，枝叶集生树干顶部的树木可不修剪。

2）具轮生侧枝的常绿乔木，用作行道树时，可剪除基部2～

3 层轮生侧枝。

3）常绿针叶树，不宜多修剪，只剪除病虫枝、枯死枝、生长衰弱枝、过密的轮生枝和下垂枝。

4）用作行道树的乔木，定干高度宜大于 3 m，第一分枝点以下枝条应全部剪除，分枝点以上枝条酌情疏剪或短截，并应保持树冠原形。

5）珍贵树种的树冠，宜尽量保留，以少剪为宜。

（3）花灌木及藤蔓树种

1）带土球或湿润地区带宿土的裸根树木及上年花芽分化已完成的开花灌木，可不作修剪，仅对枯枝、病虫枝予以剪除。

2）分枝明显、新枝着生花芽的小灌木，应顺其树势适当强剪，促生新枝，更新老枝。

3）枝条茂密的大灌木，可适量疏枝。

4）对嫁接灌木，应将接口以下砧木上萌生的枝条疏除。

5）用作绿篱的灌木，可在种植后按设计要求整形修剪。

6）在苗圃内已培育成形的绿篱，种植后应加以整修。

7）攀缘类和藤蔓性树木，可对过长枝蔓进行短截。

8）攀缘上架的树木，可疏除交错枝、横向生长枝。

（4）落叶乔木非种植季节种植

1）树木必须提前采取疏枝、环状断根或在适宜季节起苗用容器假植育根等处理。

2）树木栽植时应进行强修剪，疏除部分侧枝，保留的侧枝也应短截，仅保留原树冠的 1/3。修剪时剪口应平而光滑，并及时涂抹防腐剂，以防水分蒸腾、剪口冻伤及病虫危害。

3）必须加大土球体积，可摘除部分叶片，但不得伤害幼芽。

4）裸根树木定植之前，还应对断裂根、病虫根和卷曲的过长根进行适当修剪。

2. 树木定植

（1）定植的方法。树木定植具体操作如下：

1）将混好肥料的表土取一半填入坑中，培成丘状。裸根树木放入坑内时，一定要使根系均匀分布在坑底的土丘上，校正位置，使根颈部高于地面 5～10 cm，珍贵树种或根系不完整的树木应采取根系喷布生根激素等措施。

2）将另一半掺肥表土分层填入坑内，每填 20～30 cm 土踏实一次，并同时将树体稍稍上下提动，使根系与土壤密切接触。

3）将心土填入种植穴，直至填土略高于地表面。带土球树木必须踏实穴底土层，然后放入种植穴，填土踏实。在假山或岩缝间种植，应在种植土中掺入苔藓、泥炭等保湿透气材料。绿篱做块状模纹群植时，应由中心向外顺序退植。坡式种植时应由上向下种植。大型块植或不同色彩丛植时，宜分区分块种植。

（2）树冠的朝向。树木定植应满足树冠的朝向要求，具体如下：

1）将树冠丰满完好的一面朝向主要的观赏方向，如入口处或主行道。

2）若树冠高低不均，应将低冠面朝向主面，高冠面置于后向，使之有层次感。

3）在行道树等规则式种植时，如树木高矮参差不齐、冠径大小不一，应预先排列种植顺序，形成一定的韵律或节奏，以提高观赏效果。

4）如树木主干弯曲，应将弯曲面与行列方向一致，以做掩饰。

5）对人员集散较多的广场、人行道，树木种植后，种植地应铺设透气护栅。

（3）灌水。树木灌水的操作及要求如下：

1）树木定植后应在略大于种植穴直径的周围，筑成高 10～15 cm 的灌水土堰，堰应筑实，不得漏水。

2）新植树木应在当日浇透第一遍水，以后应根据土壤墒情及时补水。黏性土壤宜适量浇水。根系不发达树种浇水量宜较多，肉质根系树种浇水量宜少。

3）秋季种植的树木，浇足水后可封穴越冬。

4）干旱地区或遇干旱天气时，应增加浇水次数，北方地区种植后浇水不少于三遍。干热风季节，宜在上午 10 时前和下午 15 时后，对新萌芽放叶的树冠喷雾补湿。

> **★提示：**
>
> 　　浇水时，应防止因水流过急而冲刷裸露根系或冲毁围堰。浇水后如出现土壤沉陷致使树木倾斜时，应及时扶正、培土。

5）干旱地区或干旱季节，种植裸根树木应采取根部喷布生根激素、增加浇水次数及施用保水剂等措施。

6）针叶树可在树冠喷洒聚乙烯树脂等抗蒸腾剂。对排水不良的种植穴，可在穴底铺 10～15 cm 沙砾或铺设渗水管、盲沟，以利排水。

（4）竹类定植。竹类植物定植的操作及要求如下：

1）填土分层压实时，靠近鞭芽处应轻压。

2）栽种时不能摇动竹竿，以免竹蒂受伤脱落。

3）栽植穴应用土填满，以防根部积水引起竹鞭腐烂。

4）最后覆一层细土或铺草，以减少水分蒸发。

5）母竹断梢口用薄膜包裹，防止积水腐烂。

3. 树体裹干

常绿乔木和干径较大的落叶乔木，定植后需进行裹干，即用草绳、蒲包、苔藓等具有一定保湿性和保温性的材料，严密包裹主干和比较粗壮的一二级分枝。

（1）裹干的作用。裹干处理有以下作用：

1）避免强光直射和干风吹袭，减少干、枝的水分蒸腾。

2）保存一定量的水分，使枝干经常保持湿润。

3）调节枝干温度，减少夏季高温和冬季低温对枝干的伤害。

（2）附加塑料薄膜裹干。附加塑料薄膜裹干在树体休眠阶段使用效果较好，但在树体萌芽前应及时撤除。因为塑料薄膜透气性能差，不利于被包裹枝干的呼吸作用，尤其是高温季节，内部热量难以及时散发而引起的高温会灼伤枝干、嫩芽或隐芽，对树体造成伤害。

4. 固定支撑

定植灌水后，因土壤松软沉降，树体极易发生倾斜倒伏现象，一旦发现，须立即扶正。操作要点如下：

（1）将树体根部背斜一侧的填土挖开，将树体扶正后还土踏实。

（2）对带土球树体，切不可强推猛拉、来回晃动，以致土球松裂，影响树体成活。

不同状态的树木固定支撑的方法不完全一样，具体见表3—3。

表3—3　　　不同状态的树木固定支撑的方法

序号	树木状态	固定支撑说明
1	新植树木	（1）下过一场透雨后，必须进行一次全面的检查，发现树体已经晃动的应紧土夯实 （2）树盘泥土下沉空缺的，应及时覆土填充，防止雨后积水引起烂根 （3）在树木成活前要经常检查，及时采取措施
2	已成活树木	（1）如发现有倾斜歪倒的，要视情扶正，扶正以选择树体休眠期进行为宜 （2）若在生长期进行树体扶正，极易因根系断折引发水分代谢失衡，导致树体生长受阻甚至死亡，必须按新植树的要求加强管理措施
3	胸径5 cm以上树木	（1）在栽植季节有大风的地区，植后应立支架固定，以防冠动根摇 （2）支架不能打在土球或骨干根系上
4	裸根树木	裸根树木栽植常采用标杆式支架，即在树干旁打一杆桩，用绳索将树干缚扎在杆桩上，缚扎位置宜在树高1/3或2/3处，支架与树干间应衬垫软物

序号	树木状态	固定支撑说明
5	带土球树木	带土球树木常采用扁担式支架，即在树木两侧各打入一杆桩，杆桩上端用一横担缚连，将树干缚扎在横担上完成固定三角桩或井字桩，井字桩固定作用最好，且有良好的装饰效果，在人流量较大的市区绿地中多用

5. 搭架遮阴

大规格树木移植初期或高温干燥季节栽植，要搭建荫棚遮阳。树木成活后，视生长情况和季节变化，逐步去除遮阳物。

（1）乔灌木树种。乔灌木树种要求全冠遮阳，荫棚上方及四周与树冠保持 30～50 cm 间距，以保证棚内有一定的空气流动空间，防止树冠日灼危害。遮阳度为 70％左右，让树体接收一定的散射光，以保证树体光合作用。

（2）低矮灌木。成片栽植的低矮灌木，可打地桩拉网遮阴，网高距树木顶部 20 cm 左右。

模块二　树木的养护

一、根部覆盖

1. 根部覆盖的准备工作

（1）铺设覆盖层前应划定灌木坛和树圈的界限，边缘应经常维护，使景观保持清洁整齐。

（2）修剪边缘产生的垃圾应从场地清除。

（3）树圈应以树为中心，灌木坛边缘应保持光滑连续的线条。

2. 覆盖层的厚度及保持

对灌木坛和树圈进行根部覆盖，早春时铺 5～8 cm 厚。以前留下的覆盖层如超过 5 cm 厚，应该在铺设新的覆盖层前对其进行清除或埋入土内。

★提示：

覆盖层并不是越厚越好，太厚的覆盖层会阻止氧气进入土壤，使植物窒息。太厚的覆盖层还会让植物的根长到覆盖层里，使根部变浅，降低其抗旱能力，容易枯死。

盛夏季节应把覆盖层轻轻耙松，使不透水层破碎。在初秋时加一薄层，整个秋季都应使覆盖层保持在 5 cm 厚。

二、灌溉

1. 灌水时间

灌水依时间可分为休眠期灌水和生长期灌水两种。

（1）休眠期灌水。秋末冬初灌"冻水"，可提高树木越冬能力，也可防止早春干旱，对幼年树木更为重要。早春灌水使树木健壮生长，是花果繁茂的关键。

（2）生长期灌水。生长期的分期及灌水原因具体见表3—4。

表 3—4　　　　　　　生长期的分期及灌水原因

序号	分期	灌水原因
1	花前灌水	萌芽后结合施花前肥进行灌水
2	花后灌水	花谢后半个月左右是新梢生长旺盛期，水分不足会抑制新梢生长，此时缺水易引起大量落果
3	花芽分化期灌水	在新梢生长缓慢期或停止生长时，花芽开始分化，此时是果实迅速生长时期，若水分不足则影响果实生长和花芽分化，故在新梢生长停止前应及时适量灌溉，可促进春梢生长而抑制秋梢生长，有利花芽分化及果实发育

在北方一般年份，全年灌水 6 次，3 月、4 月、5 月、6 月、9 月、11 月各一次。干旱年份和土质不好或因缺水生长不良者应增加灌水次数。在西北干旱地区，灌水次数应更多一些。

2. 灌水量

灌水量与树种、土壤、气候条件、树体大小和生长情况有关。耐旱树种灌水量要少些，如松类；不耐旱树种灌水量要多些，如水杉、马褂木等。适宜灌水量以达土壤最大持水量的60%～80%为标准。大树灌水量以能渗透深达 80～100 cm为宜。

3. 灌水方法与要求

（1）灌水的方法

1）人工浇水。移动灌水。

2）地面灌水。畦灌、沟灌、漫灌。

3）地下灌水。地下管道输水，水从孔眼渗出浸润周围土壤，也可安装滴灌。

4）空中灌水。"喷灌"或人工降雨，由水泵、管道、喷头、水源 4 个部分组成。

（2）灌水的顺序。新栽植的树木、小苗、灌木、阔叶树、针叶树。

（3）灌水的质量要求。灌水堰在树冠垂直投影线下，浇水要均匀，水量足，浇后封堰，夏季早晚浇水，冬季在中午前后浇水。

三、排水

1. 排水的条件

有下列情况之一时，需要进行排水：

（1）树木生长在低洼地，降雨强度大时，汇集大量地表径流且不能及时宣泄，形成季节性湿涝地。

（2）土壤结构不良、渗水性差，特别是土壤下面有坚实的不透水层，阻止水分下渗，形成过高的假地下水位。

（3）园林绿地临近江河湖海，地下水位高或雨季易遭淹没，形成周期性的土壤过湿。

（4）平原与山地城市，在洪水季节有可能因排水不畅造成大量积水，甚至造成山洪暴发。

（5）在一些盐碱地区，土壤下层含盐量高，如果不及时排水洗盐，盐分会随水的上升而到达表层，造成土壤次生盐渍化，对树木生长很不利。

2. 排水的方法

园林树木的排水通常有 3 种方法，具体见表 3—5。

表 3—5 　　　　　　　　　　　　排水的方法

序号	方法	说明
1	地表径流	将地面整成一定的坡度，坡度常在 0.1%～0.3%，保证雨水能从地表顺畅排走。这是绿地最常用的排涝方法
2	明沟排水	在地表挖明沟将低洼处的水引到出水处。此法用于大雨后抢排积水，或地势高低不平不易实现地表径流的绿地，沟宽窄视水情而定，沟底坡度在 0.2%～0.5%
3	暗沟排水	在地下埋设管道或砌筑暗沟，将低洼处的积水引出。此法可保证地表整洁，便于交通，但造价高

四、杂草防治

种植花草树木的地方都不允许滋生杂草。如有杂草，应该人工拔掉。在铺覆盖层前喷施一次出苗前除草剂，以减少野草生长。

1. 松土除草

（1）除草季节。夏季更有必要进行松土除草，此时杂草生长很快，同时土壤干燥、坚硬，浇水不易渗入土中。

（2）除草时间。松土除草，从 4 月开始一直到 9 月、10 月为止。在生长旺季可结合松土进行除草，一般 20～30 天一次。

（3）除草深度。除草深度掌握在 3～5 cm 为宜，可将除下的枯草覆盖在树干周围的土面上，以降低土壤辐射热，有较好的保墒作用。

树盘附近的杂草，特别是蔓藤植物，严重影响树木生长，要及时铲除。

2. 化学除草

（1）防除春草。春季主要除多年生禾本科宿根杂草，每亩可用 10% 草甘膦 0.5～1.5 kg，加水 40～60 kg 喷雾（用机动喷雾器时可适当增加用水量）。灭除马唐草等一年生杂草，可选用 25% 敌草隆 0.75 kg，加水 40～50 kg，作茎叶或土壤处理。

（2）防除夏草。每亩用 10% 草甘膦 500 g 或 50% 扑草净 500 g 或 25% 敌草隆 500～750 g，加水 40～50 kg 喷雾，一般在杂草高 15 cm 以下时喷药或进行土壤处理。茅草较多的绿地，可选用 10% 草甘膦 1.5 kg/亩，加 40% 调节膦 0.25 kg，在茅草割除后新生草株高 50～80 cm 时喷洒。

★提示：

操作过程中，喷洒除草剂要均匀，不要触及树木新展开的嫩叶和萌动的幼芽。除草剂用量不得随意增加或减少，除草后应加强肥水和土壤管理，以免引起树体早衰。使用新型除草剂，应先行小面积试验后再扩大施用。

五、整形修剪

1. 修剪时期

从总体上看，一年中的任何时候都可对树木进行修剪，生产实践中可灵活掌握，但最佳时期的确定应至少满足以下 2 个条件：

（1）不影响园林植物的正常生长，减少营养徒耗，避免伤口感染。如抹芽、除蘖宜早不宜迟，核桃、葡萄等应在春季伤流期前修剪完毕等。

（2）不影响开花结果，不破坏原有冠形，不降低观赏价值。

2. 修剪工具

不同的树木应用的修剪工具和劳动保护用品是不一样的，具体见表 3—6。

表 3—6　　　　不同树木应用的修剪工具和劳动保护用品

序号	类别	修剪工具
1	乔木	高枝剪、高枝锯、截枝剪、截锯、小枝剪、人字梯、手套、牵引绳索、斗车、警示牌、安全带、安全绳、安全帽、工作服、胶鞋等
2	灌木	绿篱机、绿篱剪、小枝剪、手套、扫把、垃圾铲、斗车、垃圾袋、警示牌等

3. 修剪程序

应严格按照"一知、二看、三剪、四拿、五处理"的修剪程序进行（见表 3—7）。

表 3—7　　　　　　　　　　修剪程序

序号	步骤	操作说明
1	知	要知道不同修剪方法所能达到的修剪效果，了解修剪的双重性。知道待剪树的生长规律，明确修剪目的，了解修剪工具的使用方法，知道城市树木修剪的规程，知道修剪应该注意的问题等
2	看	要看树体的枝条分布是否合理、有无偏冠，看清哪些是待剪枝、哪些是预留枝
3	剪	就是修剪，修剪时应先整体后局部
4	拿	就是将修剪时挂在树上的枝拿掉，检查修剪是否合理，有无漏剪与错剪，以便修正或重剪
5	处理	将剪下的枝集中处理，不遗留病虫源，同时对伤口进行处理，促进愈合

4. 修剪方法

归纳起来，修剪的基本方法有"截、疏、伤、变、放"5种，实践中应根据修剪对象的实际情况灵活运用。

（1）截。截是将乔灌木的新梢、一年生或多年生枝条的一部分剪去，以刺激剪口下的侧芽萌发，抽发新梢，增加枝条数量，多发叶、多开花。下列情况要用"截"的方法进行修剪：

1）规则式或特定式的修剪整形，常用短剪进行造型及保持冠形。

2）使观花观果植物多发枝以增加花果量。

3）冠内枝条分布及结构不理想，要调整枝条的密度比例，改变枝条生长方向及夹角。

4）需重新形成树冠。

5）老树复壮。

（2）疏。疏又称疏剪或疏删，即把枝条从分枝点基部全部剪去。

1）疏剪的要求。为落叶乔木疏枝时，剪锯口应与着生枝平齐，不留枯桩。为灌木疏枝，要齐地皮截断。为常绿树疏除大枝时，要留 1～2 cm 的小桩，不可齐着生长枝剪平。

2）疏剪的对象。疏剪的对象主要是病虫枝、伤残枝、干枯枝、内膛过密枝、衰老下垂枝、重叠枝、并生枝、交叉枝及干扰树形的竞争枝、徒长枝、根蘖枝等。

3）疏剪的强度。疏剪强度依植物的种类、生长势和年龄而定，具体见表 3—8。

表 3—8　　　　　　　　不同植物的疏剪强度

序号	植物分类	疏剪强度
1	萌芽力和成枝力很强的植物	疏剪的强度可大些
2	萌芽力和成枝力较弱的植物	少疏枝，如雪松、梧桐等应控制疏剪的强度或尽量不疏枝
3	幼树	一般轻疏或不疏，以促进树冠迅速扩大成形
4	花灌木类	宜轻疏，以提早形成花芽开花
5	成年树	生长与开花进入旺盛期，为调节营养生长与生殖生长的平衡，适当中疏
6	衰老期的植物	枝条有限，疏剪时要小心，只能疏去必须要疏除的枝条

（3）伤。伤是用各种方法损伤枝条，以缓和树势、削弱受伤枝条的生长势，如环剥、刻伤、扭梢、折梢等（见表 3—9）。伤

主要是在植物的生长季进行，对植株整体的生长不影响。

表 3—9　　　　　　　　　　　伤的种类

序号	种类	说明
1	目伤	在芽或枝的上方或下方进行刻伤，伤口形状似眼睛，所以称为目伤。伤的深度达木质部。若在芽或枝的上方切刻，由于养分和水分受切口的阻隔而集中在芽或枝上，可使生长势加强；若在芽或枝的下方切刻，则生长势减弱，但由于有机营养物质的积累，有利于花芽分化
2	横伤	对树干或粗大主枝横砍数刀，深及木质部。阻止有机养分下运，促进花芽分化，促进开花结实，达到丰产的目的
3	纵伤	在枝干上用刀纵切，深及木质部。主要目的是减少树皮的束缚力，有利于枝条的加粗生长。小枝可行一条纵伤，粗枝可纵伤数条

（4）变。改变枝条生长方向，控制枝条生长势的方法称为变。如用曲枝、拉枝、抬枝等方法，将直立或空间位置不理想的枝条引向水平或其他方向，可以加大枝条开张角度，使顶端优势转位、加强或削弱。

（5）放。放又称缓放、甩放或长放，即对一年生枝条不作任何短截，任其自然生长。利用单枝生长势逐年减弱的特点，对部分长势中等的枝条长放不剪，下部易发生中、短枝，停止生长早，同化面积大，光合产物多，有利于花芽形成。

对幼树、旺树，常以长放缓和树势，促进提早开花、结果。长放用于中庸树、平生枝、斜生枝效果更好，但对幼树骨干枝的延长枝或背生枝、徒长枝不能长放。弱树也不宜多用长放。

5. 修剪需注意的问题

（1）剪口与剪口芽

1）剪口和斜面。短截的剪口要平滑，成 45°角的斜面；疏剪的剪口要将分枝点剪去，与树干平，不留残桩。

2）芽上部的修剪。从剪口芽的对侧下剪，斜面上方与剪口芽尖相平，斜面最底部与芽基相平。这样剪口的面小，容易愈合，芽萌发后生长快。

3）剪口芽的方向。剪口芽的方向、质量决定了新梢的生长方向和枝条的生长方向。选择剪口芽的方向应从树冠内枝条的分布状况和期望新枝长势的强弱来考虑。需要向外扩张树冠时，剪口芽应留在枝条外侧，如遇填补内膛空虚，剪口芽方向应朝内，对于生长过快的枝条，为抑制其生长，可以弱芽当剪口芽，复壮弱枝时选择饱满的壮芽作为剪口芽。

（2）大枝的剪除

1）将枯枝或无用的老枝、病虫枝等全部剪除时，为了尽量缩小伤口，可自分枝点的上部斜向下部剪下，伤口不大，很易愈合。

2）回缩多年生大枝时，往往会萌生徒长枝，为了防止徒长枝大量抽生，可先行疏枝和重短截。

3）如果多年生枝较粗，必须用锯子锯除，可先从下方浅锯伤，再从上方锯下。

（3）剪口的保护。若剪枝或截干造成剪口创伤面大，应用锋利的刀削平伤口，用硫酸铜溶液消毒，再涂保护剂，以防止伤口由于日晒雨淋、病菌入侵而腐烂。常用的保护剂有两种，具体见表3—10。

表3—10　　　　　　　　常用的剪口保护剂

序号	种类	操作说明
1	保护蜡	用松香、黄蜡、动物油按5：3：1比例熬制而成。熬制时先将动物油放入锅中用温火加热，再加松香和黄蜡，不断搅拌至全部溶化即可。由于冷却后会凝固，涂抹前需要加热
2	豆油铜素剂	用豆油、硫酸铜、熟石灰按1：1：1比例制成。配制时先将硫酸铜、熟石灰研成粉末，将豆油倒入锅内煮至沸腾，再将硫酸铜与熟石灰加入油中搅拌，冷却后即可使用

（4）安全注意事项。上树修剪时，所有用具、机械必须灵活、牢固，防止发生事故。修剪行道树时注意高压线路，防止锯落的大枝砸伤行人与车辆。

（5）其他注意事项

1）修剪工具应锋利，修剪时不能造成树皮撕裂、折枝断枝。

2）修剪病枝的工具，要用硫酸铜消毒后再修剪其他枝条，以防交叉感染。

3）修剪下的枝条应及时收集，有的可做插穗、接穗备用，病虫枝则需堆积烧毁。

六、施肥

1. 施肥的季节

灌木和平卧植物应在初春施肥。喜酸植物应施酸化肥料。落叶树和常绿树应在秋末落叶后施肥。

2. 肥料的施用技术

根据施肥方式，树木施肥可分为土壤施肥、根外施肥和灌溉施肥。

（1）土壤施肥。土壤施肥是大树人工施肥的主要方式，有机肥和多数无机肥（化肥）的施用均采用土壤施肥的方式。土壤施肥可采用 4 种方法，具体见表 3—11。

表 3—11 土壤施肥的方法

序号	施肥方法	说明
1	环状（轮状）施肥	环状沟应开于树冠外缘投影下，施肥量大时沟可挖宽挖深一些。施肥后及时覆土。适于幼树，太密植的树不宜用
2	放射沟（辐射状）施肥	由树冠下向外开沟，里面一端起自树冠外缘投影下稍内，外面一端延伸到树冠外缘投影以外。沟的条数 4～8 条，宽与深依肥料多少而定。施肥后覆土。这种施肥方法伤根少，能促进根系吸收，适于成年树，太密植的树不宜用。第二年施肥时，沟的位置应错开

序号	施肥方法	说明
3	全圃施肥	先把肥料全圃铺撒开，用耧耙与土混合或翻入土中。生草条件下，把肥撒在草上即可。全圃施肥后配合灌溉，效率高。这种方法施肥面积大，利于根系吸收，适于成年树、密植树
4	条沟施肥	苗圃树行间顺行向开沟，可开多条，随开沟随施肥，及时覆土。此法便于机械或畜力作业。国外许多苗圃用此法施肥，效率高，但要求苗圃地面平坦，条沟作业与流水方便

　（2）根外施肥。包括枝干涂抹或喷施、枝干注射、叶面喷施。实际以叶面喷施的方法最常用。根外施肥具体方法见表3—12。

表 3—12　　　　　　　　根外施肥的方法

序号	施肥方法	说明
1	枝干涂抹或喷施	适于给树木补充铁、锌等微量元素，可与冬季树干涂白结合一起做，方法是白灰浆中加入硫酸亚铁或硫酸锌，浓度可以比叶面喷施高些。树皮可以吸收营养元素，但效率不高；经雨淋，树干上的肥料渐向树皮内渗入一些，或冲淋到树冠下土壤中，再经根系吸收一些
2	枝干注射	可用高压喷药机加上改装的注射器，先在树干上打钻孔，再用注射器向树干中强力注射。用于注射硫酸亚铁（1%～4%）和螯合铁（0.05%～0.10%）防治缺铁症，同时加入硼酸、硫酸锌，也有效果。凡是缺微量元素均与土壤条件有关，在土壤施肥效果不好的情况下，采用树干注射效果佳

序号	施肥方法	说明
3	叶面喷施	（1）喷施部位。喷洒时要多注意叶片的两面都喷到，特别是叶背的吸收能力更强，喷量要多，以雾滴布满为宜 （2）喷施时间。叶面喷肥选在阴天或晴天的早晚进行为好，避免高温或暴晒影响喷施效果。喷施的时间以早晨五六点钟天刚亮时为最好，此时空气湿度大，溶液易被吸收，傍晚日落后也可。雨前不能喷施，强光暴晒和大风天气亦不宜进行 （3）喷施方式。要把叶片正反两面全喷到。喷后要保持 1 h 左右的湿润，以使液肥被充分吸收 （4）喷施浓度。浓度要适合，浓度过大会引起叶面烧伤甚至导致死亡，以较低浓度为好 （5）喷施次数。一般每隔 5～7 天一次，连续 3～4 次后停止喷施一次，以后再连续喷施。喷施次数以多次连续为宜

（3）灌溉施肥。灌溉施肥是通过灌溉系统（喷灌、微量灌溉、滴灌）进行树木施肥的一种方法。灌溉施肥需注意以下问题：

1）喷头或滴灌头堵塞是灌溉施肥的一个重要问题，必须施用可溶性肥料。

2）两种以上的肥料混合施用，必须防止相互间的化学作用，以免生成不溶性的化合物。如硝酸镁与磷、氨肥混用会生成不溶性的磷酸铵镁。

3）灌溉施肥用水的酸碱度以中性为宜。碱性强的水能与磷反应生成不溶性的磷酸钙，会降低多种金属元素的有效性，严重影响施用效果。

3. 追肥

在树木生长季节，根据需要施加速效肥以促使树木生长的措施，称施追肥（又称补肥）。

（1）追肥的方法

1）根施法。开沟或挖穴施在地表以下 10 cm 处，并结合灌水。

2）根外追肥。将速效肥溶解于水喷洒在植物的茎叶上，使叶片吸收利用，可结合病虫防治喷施。

（2）追肥的施用技术。追肥的施用技术可概括为"四多、四少、四不和三忌"，具体如下：

1）四多。黄瘦多施，发芽前多施，孕蕾期多施，花后多施。

2）四少。肥壮少施，发芽后少施，开花期少施，雨季少施。

3）四不。徒长不施，新栽不施，盛暑不施，休眠不施。

4）三忌。忌浓肥，忌热肥（指高温季节），忌坐肥。

模块三　树木的病虫害防治

一、树体异常情况

1. 整株树体异常情况及其表现

对整株树体异常情况的分析，具体见表3—13。

表 3—13　　　　　整株树体异常情况分析

序号	现象	原因	具体表现
1	正在生长的树体或树体的一部分突然死亡	束根	叶片形小、稀少或褪色、枯萎，整冠或一侧树枝从顶端向基部死亡
		雷击	树皮从树干上垂直剥落或完全分离（高树或在开阔地区生长的孤树）

序号	现象	原因	具体表现
2	原先健康的树体生长逐渐衰弱，叶片变黄、脱落，个别芽枯萎	根系生长不良	梢细短，叶形变小，植株渐萎，叶缘或脉间发黄，萌芽推迟
		根部线虫	叶片形小、无光泽、早期脱落，嫩枝枯萎，树势衰弱
		根腐病	吸收根大量死亡，根部有成串的黑绳状真菌，根部腐烂
		空气污染	叶片变色，生长减缓
		光线不足	叶片稀少，色泽黯淡
		干旱缺水	叶缘或脉间发黄，叶片变黄、枯萎（干燥气候下）
		施水过量，排水不良	全株叶片变黄、枯萎，根部发黑
		施肥过量	施肥后叶缘褪色（干燥条件下）
		土壤 pH 值不适	叶片黄化失绿，树势减弱
		冬季冻伤	常绿树叶片枯黄，嫩枝死亡，主干裂缝，树皮部分死亡
3	主干或主枝上有树脂、树液或虫孔	钻孔昆虫	主干上有树液（树脂）从孔洞中流出，树冠褪色，枝干上有钻孔，孔边有锯屑，枝干从顶端向基部死亡
		枯萎病	嫩枝顶端向后弯曲，叶片呈火烧状
		腐朽病	主干、枝干或根部有蘑菇状异物，叶片多斑点、枯萎
		癌肿病	主干、嫩枝上有明显标记，通常呈凹陷、肿胀状，无光泽
		细胞癌肿病	主干或主枝上有白色树脂斑点，叶片变色并脱落（挪威枫和科罗拉多蓝杉）

2. 叶片异常情况及其表现

叶片出现异常情况，具体见表3—14。

表 3—14 叶片异常情况

序号	病因	表现
1	除草剂药害	叶片扭曲，叶缘粗糙，叶质变厚，纹理聚集，有清楚色带
2	蚜虫	叶片变黄、卷曲，叶面上有黏状物，植株下方有黑色黏状区域
3	叶螨虫	颜色不正常，伴随有黄色斑点或棕色带
4	啮齿类昆虫	叶片部分或整片缺失，叶片或枝干上可能有明显的蛛丝
5	卷叶昆虫	叶缘卷起，有蛛网状物
6	粉状霉菌	叶片发白或表面有白色粉末状生长物
7	铁锈病	叶表面呈现橘红色锈状斑，易被擦除，果实及嫩枝通常肿胀、变形
8	菌类叶斑	叶片布有从小到大的碎斑点，尺寸、形状和颜色各异
9	炭疽病	叶片具黑色斑点真菌体，边缘黑色或中心脱落成孔，有疤痕
10	白斑病	叶片有不规则死区
11	灰霉菌	叶片有茶灰色斑点，渐被生长物覆盖
12	黑霉菌	叶面斑点硬壳乌黑
13	花斑病毒	叶片呈现深绿或浅绿色、黄色斑纹，形成不规则的镶花式图案
14	环点病毒	叶片上呈现黄绿色或红褐色的水印状环形物

二、病虫害防治

对于病虫危害严重的单株，更应高度重视，采取果断措施，以免蔓延。修剪下来的病虫残枝，应集中处置，不要随意丢弃，以免造成二次传播污染。

1. 涂干法

（1）季节防治。每年夏季，在树干距地面 40～50 cm 处，刮去 8～10 cm 宽的一圈老皮。将 40％氧化乐果乳剂加等量水，配成 1：1 的药液，涂抹在刮皮处，再用塑料膜包裹，对梨圆蚧的防治率可达 96％。

（2）蚜虫发生初期。用 40％氧化乐果（或乐果）乳油 7 份，加 3 份水配成药液，在树干上涂 3～6 cm 宽的环。如树皮粗糙，可先将翘皮刮去再涂药。涂后用废纸或塑料膜包好，对苹果棉蚜的防治效果很好。

（3）介壳虫发生初期。在介壳虫虫体膨大但尚未硬化或产卵时，先在树干距地面 40 cm 处刮去一圈宽 10 cm 的老皮，露白为止。然后将 40％的氧化乐果乳剂稀释 2～6 倍，涂抹在刮皮处，随即用塑料膜包好。涂药 10 日后杀虫率可达 100％。

（4）二星叶蝉成虫、若虫发生期（8 月）。在主干分枝处以下剥去翘皮，均匀涂抹 40％氧化乐果原液或 5～10 倍稀释液，形成药环。药环宽度为树干直径的 1.5～2 倍，涂药量以不流药液为宜。涂好后用塑料膜包严，4 天后防效可达 100％，有效期在 50 天以上。

（5）成虫羽化初期。用甲胺膦 10 倍液或废机油、白涂剂等涂抹树干和大枝，可有效防止成虫蛀孔为害，并可兼治桑白蚧。

★提示：

　　在使用农药原液进行刮皮涂干时，一定要考虑树木对农药的敏感性，以免对树体产生药害。最好先进行试验，再大面积使用。如使用甲胺膦涂干防治梨二叉蚜时，原液涂干处理 30 天左右会出现树叶边缘焦枯的轻微药害。

2. 树体注射（吊针）法

用木工钻与树干成 45°夹角打孔，孔深 6 cm 左右，打孔部位在离地面 10～20 cm 之间。用注药器插入树干，将药液慢慢注入树体内，让药液随树体内液流到树木的干、枝、叶部，使树木整体带药。

三、药害防治

1. 药害的发生原因

（1）药剂种类选择不当。如波尔多液含铜离子浓度较高，对幼嫩组织易产生药害。

（2）部分树种对某些农药品种过敏。有些树种性质特殊，即使在正常使用情况下，也易产生药害。如碧桃、寿桃、樱花等对敌敌畏敏感，桃、梅类对乐果敏感，桃、李类对波尔多液敏感等。

（3）在树体敏感期用药。各种树木的开花期是对农药最敏感的时期之一，用药要慎重。

（4）高温易产生药害。温度高时，树体吸收药剂较快，药剂随水分蒸腾很快在叶尖、叶缘集中，导致局部浓度过高而产生药害。

（5）浓度过高，用量过大。因病虫害抗性增强等原因而随意加大用药浓度、剂量，易产生药害。

2. 药害的防治措施

为防止园林树木出现药害，除针对上述原因采取相应措施预防，对于已经出现药害的植株，可采用下列方法处理：

（1）去除残留药剂。根据用药方式，如根施或叶喷的不同，分别采用清水冲根或叶面淋洗的办法去除残留药剂，减轻药害。

（2）加强肥水管理。使之尽快恢复健康，消除或减轻药害造成的影响。

模块四　树体的保护与修补

对于树体的保护和修补应贯彻"防重于治"的精神，尽量防止各种灾害的发生，做好宣传工作，对造成的伤口应尽早治疗，防止扩大。

一、树干伤口的治疗

对病、虫、冻、日灼或修剪造成的伤口，要用利刃刮干净削平，用硫酸铜或石硫合剂等药剂消毒，并涂保护剂铅油、接蜡等。对风折枝干，应立即用绳索捆缚加固，然后消毒涂抹保护剂，再用铁丝箍加固。

二、补树洞

伤口浸染腐烂造成孔洞，心腐会缩短寿命，必须及时进行修补工作，方法有3种，具体见表3—15。

表 3—15　　　　　　　　　补树洞的方法及操作

序号	补洞方法	操作说明
1	开放法	孔洞不深也不太大，先清理伤口，改变洞形以利排水，涂保护剂
2	封闭法	树洞清理消毒后，以油灰（生石灰1份＋熟桐油0.35份）或水泥封闭外层加颜料做假树皮
3	填充法	树洞较大的可用水泥砂浆、石砾混合填充，洞口留排水面并做假树皮

三、吊枝和顶枝

大树、老树树身倾斜不稳时，大枝下垂的应设立支柱撑好，连接处加软垫，以免损伤树皮，称为顶枝。吊枝多用于果树上的瘦弱枝。

四、涂白

1. 涂白的目的

涂白是为了防治病虫害和延迟树木萌芽，避免日灼危害。在日照、昼夜温差变化较大的大陆性气候地区，涂白可以减弱树木地上部分吸收太阳辐射热，从而延迟芽的萌动期。涂白会反射阳光，避免枝干湿度的局部增高，因而可有效预防日灼危害。此外，树干涂白还可防治部分病虫害，如紫薇等的介壳虫、柳树的钻心虫、桃树的流胶病等。

2. 涂白剂的常用配方

涂白剂的常用配方是：水 10 份，生石灰 3 份，石硫合剂原液 0.5 份，食盐 0.5 份，油脂（动植物油均可）少许。配制时要先化开石灰，把油脂倒入后充分搅拌，再加水拌成石灰乳，最后放入石硫合剂及盐水即可。此外，为延长涂白期限，还可在混合液中添加黏着剂（如装饰建筑外墙所用的801 胶水）。

3. 涂白的高度

一般为从植株的根颈部向上一直刷至 1.1 m 处。

五、支撑

支撑是确保新植树木特别是大规格苗木成活和正常生长的重要措施。具体要求如下：

（1）选用坚固的木棍或竹竿（长度依所支树木的高矮而定，要统一、实用、美观），统一支撑方向，三根支柱中要有两根冲着西北方向，斜立于下风方向。

（2）支柱下部埋入地下 30 cm。

（3）支柱与树干用草绳或麻绳隔开，先在树干或支棍上绕几圈，再捆紧实。同时注意支柱与树干不能直接接触，否则会硌伤树皮。

（4）高大乔木立柱应立于树高 1/3 处，一般树木应立于1/2～2/3 处，使其真正起到支撑作用，不能过低，否则无效。

★提示：

浇水后或大风过后，要及时派人扶正被风吹斜或倒伏的树木，并重新设立支撑，防止二次倒伏。

六、调整补缺

园林树木栽植后，因树木质量、栽植技术、养护措施及各种外界因素的影响，常发生死树缺株的现象，对此应适时进行补植。

补植的树木在规格和形态上应与已成活植株相协调，以免干扰设计景观效果。对已经死亡的植株，应认真调查研究，分析原因，如土壤质地、树木习性、种植深浅、地下水位高低、病虫危害、有害气体、人为损伤或其他情况，采取改进措施，再行补植。

第四单元　草坪建植与养护

✏️ **本单元学习目标：**

1. 掌握草坪建植的操作步骤、细节事项。

2. 掌握草坪养护中各项业务——剪草、施肥、灌溉、辅助养护、病虫草防治等的操作步骤、细节事项。

模块一　草坪建植

一、草种选择

一般来说，草坪草种的选择需要考虑 6 个方面，具体见表 4—1。

表 4—1　　　　　　　　　　草坪草种的选择

序号	依据	说明
1	草坪用途	（1）用于水土保持的草坪，要求草坪草速生，根系发达，能快速覆盖地面，以防止土壤流失，还要适于粗放管理 （2）运动场草坪草则要求低修剪、耐践踏和再生能力强的特点 （3）观赏性草坪则选择质地细腻、色泽明快、绿色期长的草坪草 （4）高尔夫草坪必须选择能承受 5 cm 以下修剪高度的草坪草
2	质量要求	一般包括草坪的颜色、质地、均一性、绿色期、高度、密度、耐磨性、耐践踏性和再生能力等

続表

序号	依据	说明
3	草种特性	了解满足建坪质量要求或者草坪使用目的的候选草种
4	环境适应性	（1）气候：抗热、抗寒、抗旱、耐淹、耐阴等性能 （2）土壤：耐瘠薄、耐盐碱、抗酸性等性能
5	对病虫害的抗性	在选择草种时，要考虑其对病虫害的抗性
6	养护管理	（1）养护管理包括修剪、灌溉、排水、施肥、杂草控制、病虫害控制、生长调节剂使用、打孔通气、滚压、枯草层处理等措施 （2）养护管理水平对草坪草种的选择也有很大影响。管理水平包括技术水平、设备条件和经济水平3个方面。例如，抗旱、抗病的狗牙根在管理粗放时外观质量较差，但如果用于建植体育场，在修剪低矮、及时的条件下，也可以形成档次较高的草坪。此时，需要较高质量的滚刀式剪草机和管理技术，还要有足够的经费支持

二、准备营养建坪材料

营养建坪材料必须具备重新再生形成草坪的能力，包括草皮、单株草坪草和草坪草的一部分（不包括种子）。

1. 草皮

质量良好的草皮均匀一致，无病、虫、杂草，根系发达，在起草皮、运输和铺植操作过程中不会散落，并能在铺植后1～2周内扎根。起草皮时，应该是越薄越好，根和必需的地下器官及所带土壤1.5～2.5 cm为宜。为了避免草皮（特别是冷季型草皮）受热或脱水造成损伤，起草皮后应尽快铺植，一般要求在24～48 h内铺植好。

2. 草块

草块是从草坪或草皮分割出的小的块状草坪。草块上带有一定量的土壤。

3. 枝条和匍匐茎

枝条和匍匐茎是单株植物或者含有几个节的植株的一部分，节上可以长出新的植株，通常其上带有少量的根和叶片。通常，为了防止草坪草生产的种子对草皮产生污染，在草坪草抽穗期间要以正常高度进行修剪。尔后的几个月内不再修剪，以促进匍匐茎的发育。起草皮时带的土越少越好，然后把草皮打碎或切碎得到枝条和匍匐茎。

★提示：

得到枝条或匍匐茎后应尽可能早栽植，以减少受热和脱水造成的损伤。如果必须临时储存，应把它们保存在冷、湿环境条件下。

三、场地准备

1. 场地清理

场地清理的具体工作见表 4—2。

表 4—2　　　　　　　　　场地清理的工作

序号	清理内容	说明
1	树木	在有树木的场地上，要全部或者有选择地把树和灌丛移走
2	岩石、碎砖瓦块	将场地中的岩石、碎砖瓦块等清除掉
3	杂草	(1) 使用熏蒸剂或在杂草长到 7~8 cm 高时施用非选择性、内吸型除草剂。为了使除草剂充分吸收和向地下器官运输，使用除草剂 3~7 天后再开始耕作 (2) 除草剂施用后闲置一段时间，有利于控制杂草数量 (3) 通过耕作让植物地下器官暴露在表层，使这些器官干燥脱水，这是消灭杂草的好办法 (4) 在杂草根茎量多时，待杂草重新出现后，需要再次使用除草剂 (5) 除草最好是在夏季进行，否则某些多年生杂草仍会侵入新建草坪，但其通常只在局部出现，采用局部处理即可防止大范围蔓延

2. 翻耕

翻耕是为了建植草坪对土壤进行的一系列耕作准备工作。面积大时，可先用机械犁耕，再用圆盘犁耕，最后耙地；面积小时，用旋耕机耕一两次也可达到同样的效果。

耕作时要注意土壤的含水量，土壤过湿会使土壤产生硬坷垃或泥浆，土壤太干会破坏土壤的结构，使土壤成为粉状或高度板结。看土壤水分含量是否适于耕作，可用手紧握一小把土，然后用大拇指使之破碎，如果土块易于破碎，则说明适宜耕作。

3. 整地

整地是按规划设计的地形对坪床进行平整的过程。由于整地有时要移走大量的土壤，因此在营造地形之前最好把表土堆放在一起。整地工作可分为粗整和细整2种情况，具体见表4—3。

表4—3　　　　　　　　　　　　整地操作

序号	类别	定义	具体操作
1	粗整	表土移出后按设计营造地形的整地工作包括把高处削低、低处填平	（1）每相隔一定距离设置木桩标记，在填土量大的地方，每填30 cm就要镇压，以加速沉实 （2）适宜的地表排水坡度是1%～2%，即直线距离每米降低1～2 cm （3）为防止水渗入地下室，坡度的方向要背向房屋 （4）为使地面水顺利排出场地中心，体育场草坪应设计成中间高、四周低的地形 （5）表土重新填上后，地基面必须符合设计地形
2	细整	进一步整平地面种床，同时也可把底肥均匀地施入表层土壤中	（1）在种植面积小、大型设备工作不方便的场地上，常用铁耙人工整地 （2）为了提高效率，可用人工拖耙耙平 （3）如果种植面积大，则应用专用机械来完成

4. 土壤改良

土壤改良是把改良物质加入土壤中从而改善土壤理化性质的过程。水分不足、养分贫乏、通气不良等都可以通过土壤改良得到改善。使用最广泛的改良剂是泥炭，其质量轻、施用方便。

★提示：

　　将稻壳或未腐解锯末施入土壤中分解时，会吸收土壤的氮素，从而对草坪的生长产生不利影响。

多数情况下是移走当地土壤，用专门设计的特殊土壤混合物替代，而不是进行土壤改良。

5. 安装排灌系统

安装排灌系统一般是在场地粗整之后进行，因为安装排灌系统施工中挖坑、掩埋管道会引起土壤沉实问题。在覆土之后镇压或灌水可使其充分沉实，但填上表土后再安装则会引起较大麻烦。

6. 施肥

在土壤养分贫乏和pH值不适时，种植前有必要施用底肥和土壤改良剂。底肥主要包括磷肥和钾肥，有时也包括其他中量和微量元素。

四、草坪建植步骤

1. 种子建植

大部分冷季型草只能用种子建植法建坪。暖季型草坪草中，假俭草、斑点雀稗、地毯草、野牛草和普通狗牙根均可用种子建植法来建坪，也可采用无性建植法。马尼拉结缕草、杂交狗牙根则一般常用无性繁殖的方法建坪。

（1）播种时间。冷季型草适宜的播种时间是初春和晚夏，而暖季型草最好是在春末早夏之间播种。这主要考虑播种时的温度和播种后2～3个月内的温度状况。

（2）播种量。播种所遵循的一般原则是要保证足够量的种子发芽，每平方米出苗应在 1 万～2 万株。

（3）播种操作。草坪草播种的要求是把大量的种子均匀地撒于种床上，并把它们混入 6 m 深的表土中。

（4）喷播。喷播是一种把草坪草种子加入水流中进行喷射播种的方法。喷播机上安装有大功率、大出水量单嘴喷射系统，把预先混合均匀的种子、黏结剂、覆盖材料、肥料、保湿剂、染色剂和水的浆状物，通过高压喷到土壤表面。喷播时，施肥、覆盖与播种一次性操作完成，特别适宜陡坡场地，如高速公路、堤坝等大面积草坪的建植。

★提示：

喷播使种子留在表面，不能与土壤混合和进行滚压，通常需要在上面覆盖植物才能获得满意的效果。当气候干旱、土壤水分蒸发太大太快时，应及时喷水。

（5）植生带。草坪植生带是指草坪草种子均匀固定在两层无纺布或纸布之间形成的草坪建植材料。有时为了适应不同建植环境条件，还要加入不同的添加材料，例如保水的纤维材料、保水剂等。要求生产植生带的材料为天然易降解有机材料，如棉纤维、木质纤维、纸等。植生带具有无须专门播种机械、铺植方便、适宜不同坡度地形、种子固定均匀、防止种子冲蚀、减少水分蒸发等优点，但费用较高，小粒草坪草种子（例如早熟禾和翦股颖种子）出苗困难，运输过程中可能引起种子脱离和移动，造成出苗不齐，而且种子播量固定，难以适应不同场合。

2. 营养体建植

用于建植草坪的营养体繁殖方法包括铺草皮、栽草块、直栽法插枝条和匍茎法，具体见表 4—4。

表 4—4   草坪营养体建植

序号	方法	具体操作
1	铺草皮	（1）坪床潮而不湿，草皮应尽可能薄，以利于快速扎根。搬运草皮时要小心，不能把草皮撕裂或过分拉长 （2）把所铺草皮块调整好，使相邻草皮块首尾相接，然后轻轻夯实，以便与土壤均匀接触 （3）当把草皮块铺在斜坡上时，要用木桩固定，等到草坪草充分生根并能够固定草皮时再移走木桩
2	栽草块	栽植正方形或圆形的草坪块，草坪块的大小约 5 cm×5 cm。栽植行间距为 30～40 cm，栽植时应注意使草坪块上部与土壤表面齐平
3	直栽法	（1）草皮切成小的草坪草束，按一定的间隔尺寸栽植 （2）机械直栽法是采用带有正方形刀片的旋筒把草皮切成草坪草束 （3）多匍匐茎的草坪束，把草坪束撒在坪床上，经过滚压使草坪束与土壤紧密接触，使坪面平整
4	插枝条	（1）把枝条种在条沟中，相距 15～30 cm，深 5～7 cm，每根枝条要有 2～4 个节，栽植过程中，要在条沟填土后使一部分枝条露出土壤表层 （2）插入枝条后要立刻滚压和灌溉，以加速草坪草的恢复和生长 （3）直接把枝条放在土壤表面，然后用扁棍把枝条插入土壤中
5	匍茎法	（1）用人工或机械把打碎的匍匐茎均匀地撒到坪床上，然后覆土 （2）用圆盘犁轻轻耙过，使匍匐茎部分插入土壤中 （3）轻轻滚压后立即喷水，保持湿润，直至匍匐茎扎根

3. 覆盖

覆盖是为了减少土壤和种子冲蚀，为种子发芽和幼苗生长提供一个更为有利的微环境条件，而把外来物覆盖在坪床上的一种措施。一般常用的覆盖材料有以下 5 种：

（1）植物秸秆。如小麦、水稻秸秆等。

（2）松散的木质材料。包括木质纤维素、木质碎片、刨花、锯末、碎树皮等。

（3）其他大田作物秸秆。如豌豆荚、碎玉米芯、甘蔗渣、甜菜浆、花生壳和烟草茎等经过腐解后可用做覆盖材料。

（4）人工合成的覆盖材料。包括播量纤维丝、透明聚酯膜和弹性多聚乳胶。

（5）无纺布。包括人工合成的或棉纤维，也是比较好的覆盖材料。

模块二　草坪修剪

修剪是草坪养护中最重要的项目之一，是草坪养护标准的主要指标。

一、修剪的原则

遵循草坪修剪剪去1/3的原则要求，每次修剪量不能超过茎叶组织纵向总高度的1/3，也不能伤害根茎，否则会因地上茎叶生长与地下根系生长不平衡而影响草坪草的正常生长。

二、修剪高度

修剪高度（留茬高度）是修剪后地上枝条的垂直高度。

1. 耐剪高度

每一种草坪草都有它特定的耐剪高度范围，在这个范围之内则可以获得令人满意的草坪质量。不同草坪草因生物学特性不同，其所耐受的修剪高度也不同。

（1）直立生长的草坪草。一般不耐低矮的修剪，如草地早熟禾和高羊茅。

（2）具有匍匐茎的草坪草。可耐低修剪，如匍匐翦股颖和狗牙根。

（3）常见草坪草。耐低矮修剪能力由高到低的顺序为：匍匐匍股颖、狗牙根、结缕草、野牛草、黑麦草、早熟禾、细羊茅、高羊茅。

2. 留茬高度

常见草坪修剪留茬高度，具体见表4—5。

表4—5　　　　　　常见草坪修剪留茬高度　　　　单位：cm

冷季型草	高度	暖季型草	高度
匍匐匍股颖	0.35～2.0	结缕草	1.5～5.0
草地早熟禾	2.5～5.0	结缕草（马尼拉）	3.0～4.5
粗茎早熟禾	4.0～7.0	野牛草	2.5～5.0
细羊茅	3.5～6.5	狗牙根（普通）	1.5～4.0
羊茅	3.5～6.5	狗牙根（杂交）	1.0～2.5
硬羊茅	2.5～6.5	地毯草	2.5～5.0
紫羊茅	4.0～6.0	假俭草	2.5～5.0
高羊茅	5.0～8.0	巴哈雀稗	2.5～5.0
多年生黑麦草	4.0～6.0	钝叶草	4.0～7.5

3. 修剪高度的确定

（1）冷季型草坪修剪。夏季可适当提高修剪高度来抵御高温、干旱威胁。

（2）暖季型草坪修剪。应该在生长早期和后期提高修剪高度，以增强草坪的抗冻能力和加强光合作用。

（3）阴面草修剪。生长在阴面的草坪草，无论是暖季型草坪草还是冷季型草坪草，修剪高度应比正常情况下高 1.5～2.0 cm，使叶面积增大，以利于光合产物的形成。

（4）冬季修剪。进入冬季的草坪要修剪得比正常修剪高度低一些，这样可使草坪冬季绿期加长、春季返青提早。

（5）胁迫期修剪。在草坪草胁迫期，应当提高修剪高度。在高温干旱或高温高湿期间，降低草坪草修剪高度是特别危险的。

（6）返青期修剪。草坪春季返青之前，应尽可能降低修剪高度，剪掉上部枯黄老叶，以利于下部活叶片和土壤接受阳光，促进返青。

★提示：

剪草机设置修剪高度时应在平整的硬化路面上进行。由于剪草机是行走在草坪草茎叶之上的，所以草坪草的实际修剪高度应略高于剪草机设定的高度。

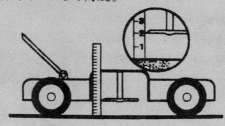

三、修剪频率与周期

修剪频率是指一定时期内草坪修剪的次数，修剪周期是指连续两次修剪之间的间隔时间。修剪频率越高，修剪次数就越多，修剪周期也越短。常见草坪草修剪频率与周期见表4—6。

表4—6　　　　常见草坪草修剪频率与周期　　　　单位：次

利用地	草坪草种类	生长季内修剪次数			全年修剪次数
		4~6月	7~8月	9~11月	
庭院	细叶结缕草	1	2~3	1	5~6
	翦股颖	2~3	8~9	2~3	15~20
公园	细叶结缕草	1	2~3	1	10~15
	翦股颖	2~3	8~9	2~3	20~30
竞技场、校园	细叶结缕草，狗牙根	2~3	8~9	2~3	20~30
高尔夫发球台	细叶结缕草	1	16~18	13	30~35
高尔夫球盘	细叶结缕草	38	34~43	38	110~120
	翦股颖	51~64	25	51~64	120~150

四、剪草机械的选用

特级草坪只能用滚筒剪草机修剪，一级、二级草坪用旋刀机修剪，三级草坪用气垫机或割灌机修剪，四级草坪用割灌机修剪，所有草边均用软绳型割灌机或手剪。

在每次剪草前，应先测定草坪草的大概高度，并根据所选用的机器调整刀盘高度，一般特级至二级的草，每次剪去长度不超过草高的 1/3。

五、修剪方向

如果每次修剪总朝一个方向，易使草坪草向剪草方向倾斜生长，草坪趋于瘦弱和形成"斑纹"现象（草叶趋于同一方向的定向生长），因此，要避免在同一地点、同一方向多次修剪，具体操作如图 4—1 所示。

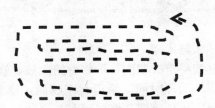

图 4—1　草坪修剪方向示意图

六、剪草的操作步骤

（1）清除草地上的石块、枯枝等杂物。

（2）选择走向，与上一次走向要求至少有 30°角以上的交叉，不可重复修剪，以免造成草坪长势偏向一侧。

（3）速度保持不急不缓，路线直，每次往返修剪的截割面应保证有 10 cm 左右的重叠。

（4）遇障碍物应绕行，四周不规则草边应沿曲线剪齐，转弯时应调小油门。

（5）若草过长，应分次剪短，不允许超负荷运作。

（6）边角、路基边草坪以及树下的草坪用割灌机修剪，花丛、细小灌木周边修剪不允许用割灌机（以免误伤花木），这些地方应用手剪修剪。

（7）剪完后将草屑清扫干净入袋，清理现场，清洗机械。

模块三　草坪施肥

草坪施肥是为草坪草提供必需养分的重要措施。草坪生长所需养分的供给必须在一定范围内，并且各种养分的比例要恰当，否则，草坪草不能正常地生长发育。草坪草可以通过根、茎、叶来吸收养分，其中叶片和一部分茎是吸收二氧化碳的主要场所，而水分和矿质元素的吸收主要是依靠根系来完成的，但其地上部分也能吸收一部分水分和矿质元素。

一、施肥的重要性

1. 保持土壤肥力

土壤肥力是任何草坪管理过程中都应考虑的问题。健康的草坪需要肥沃的土壤，因为草能迅速消耗掉土壤中的养分，所以定期给土壤补充养分对草坪生长十分关键。

虽然营养对于草的健康成长非常重要，但是过量使用肥料会破坏草坪与环境。因此，在对草坪施肥时，应该只用保持草坪健康所需的最低数量的肥料。

2. 平衡土壤 pH 值

土壤的 pH 值对于植物的健康生长是非常重要的。土壤的 pH 值表示其酸碱平衡度。有些植物适合于中性土壤，有些则适合于酸性或碱性土壤。一般来说，草皮在 pH 值为 6.0～7.0 时生长最好。因此，为了让草皮健康地生长，应检查土壤的 pH 值是否适合，及时对其改善，在土壤酸性过强时可加石灰，碱性过强时可加适量的硫黄、硫酸铝、腐殖质肥等。

二、施肥标准

给草坪施肥要保证少量、多次，以确保草的均匀生长。

三、肥料选用原则

草坪需要的主要养分是氮、磷、钾。其中，氮是最重要的，因为它能促进草叶生长，使草坪保持绿色；磷是植物开花、结果、长籽所必需的，并可加速根系的生长；钾是增强植物活力和抵抗力所必需的，对于植物根部也有重要的作用。

肥料的表示方法包含 3 个数字。如 10-6-4，第一个数字代表含氮的百分数，第二个数字是含磷的百分数，第三个数字是含钾的百分数。所有的肥料都是按这个顺序排列其主要养分的。一级以上草坪选用速溶复合肥、快绿美及长效肥，二、三级草坪采用缓溶复合肥，四级草坪基本不施肥。

四、施肥时间与施肥次数

1. 不同类型草坪的施肥次数与频率

（1）冷季型草坪草。深秋施肥是非常重要的，这有利于草坪越冬。特别是在过渡地带，深秋施氮可以使草坪在冬季保持绿色，且春季返青早。磷、钾肥对于草坪草冬季生长的作用不大，但可以增强草坪的抗逆性。夏季施肥应增加钾肥用量，谨慎使用氮肥。夏季不施氮肥，冷季型草坪草叶色转黄，但抗病性强；过量施氮则病害发生严重，草坪质量急剧下降。

（2）暖季型草坪草。最佳的施肥时间是早春和仲夏。秋季施肥不能过迟，以防降低草坪草抗寒性。

2. 不同肥料的施肥次数与用量

一般速效型氮肥要求少量多次，每次用量以不超过 5 g/m^2 为宜，且施肥后应立即灌水。一方面可以防止氮肥过量造成徒长或灼伤植株，诱发病害，增加剪草工作量；另一方面也可以减少氮肥损失。

对于缓释氮肥，由于其具有平衡、连续释放肥效的特性，可以适当减少施肥次数，一次用量可高达 15 g/m^2。

3. 不同养护水平下的施肥次数与频率

实践中，草坪施肥的次数与频率常取决于草坪养护管理水平。

（1）低养护管理的草坪。冷季型草坪草于每年秋季施用一次，暖季型草坪草在初夏施用一次。

（2）中等养护管理的草坪。冷季型草坪草在春季与秋季各施肥一次，暖季型草坪草在春季、仲夏、秋初各施用一次即可。

（3）高养护管理的草坪。在草坪草快速生长的季节，无论是冷季型草坪草还是暖季型草坪草最好每月施肥一次。

五、施肥操作

1. 施肥方法

草坪施肥的方法主要有：基肥、种肥和追肥。

（1）基肥。以基肥为主。

（2）种肥。播种时把肥料撒在种子附近，以速效磷肥为主。

（3）追肥。以微量元素在内的养分追肥为辅。

2. 施肥方式

（1）表施。使用下落式或旋转式施肥机将颗粒状肥直接撒入草坪内，然后结合灌水，使肥料进入草坪土壤中（见图4—2）。每次施入草坪的肥料利用率只有1/3左右。

（2）灌溉施肥。经过灌溉系统将肥料溶解在灌溉水中喷洒在草坪上（见图4—3），目前一般用于高养护的草坪，如高尔夫球场。

图4—2　表施

图4—3　灌溉施肥

模块四　草坪灌溉

一、草坪对水分的需求

每生成 1 g 干物质需消耗 500～700 g 的水。一般养护条件下，每周每百平方米用水 2.5 m³，通过降雨、灌溉或两者共同来满足。在较干旱的生长季节，灌水量更多。

由于草坪草根系主要分布在 10～15 cm 及以上的土层，所以每次灌溉应以湿润 10～15 cm 深的土层为标准。

二、灌溉时间

1. 灌溉时间的确定

灌溉时机判断：叶色由亮变暗或者土壤呈现浅白色时，草坪需要灌溉。

2. 一天中最佳灌水时间

晚秋至早春，均以中午前后为好，其余则以早上、傍晚灌水为好。尤其是有微风时，空气湿度较大而温度低，可减少蒸发量。

三、灌溉次数

（1）成熟草坪。灌溉原则：见干则浇，一次浇透。

（2）未成熟草坪。灌溉原则：少量多次。

四、灌溉操作

施肥作业须与草坪灌溉紧密结合，防止"烧苗"。

北方冬季干旱少雪、春季少雨的地区，入冬前灌一次"封冻水"，使草坪草根部吸收充足水分，增强抗旱越冬能力；春季草坪返青前灌一次"开春水"，防止草坪萌芽期春旱而死，促使提早返青。

沙质土壤保水能力差，在冬季晴朗天气白天温度高时灌溉，至土壤表层湿润为止，不可多浇或形成积水，以免夜间结冰造成冻害。

若草坪践踏严重、土壤干硬结实，应于灌溉前先打孔通气，便于水分渗入土壤。

模块五　草坪辅助养护管理

一、清除枯草并疏草

枯草在地面和草叶之间可能会形成一个枯草层，当枯草层厚度超过 1 cm 时，即应清除。冷季型草的枯草应在秋季清除，暖季型草的枯草应在春季清除。

1. 二级以上草坪疏草

视草坪生长密度，1～2 年疏草一次。举行大型活动后，草坪应局部疏草并培沙。二级以上草坪如出现直径 10 cm 以上秃斑、枯死，或局部恶性杂草占该部分草坪草 50％以上且无法用除草剂清除的，应局部更换该处草坪草。二级以上草坪局部出现被踩实，导致生长严重不良，应局部疏草改良。

2. 局部疏草

用铁耙将被踩实部分耙松，深度约 5 cm，清除耙出的土块、杂物，施用土壤改良肥，培沙。

3. 大范围打孔疏草

准备机械、沙、工具，先用剪草机将草重剪一次，用疏草机疏草，用打孔机打孔，人工扫除或用旋刀剪草机吸走打出的泥块及草渣，施用土壤改良肥，培沙。

二、滚压

滚压能增加草坪草的分蘖及促进匍匐枝的生长，使匍匐茎的节间变短，增加草坪密度。铺植草坪能使根与土壤紧密结合，让根系容易吸收水分，萌发新根。滚压广泛用于运动场草坪管理中，能提供一个结实、平整的表面，提高草坪质量（见图 4—4）。

图 4—4 滚压

三、表施土壤

表施土壤是将沙、土壤或沙、土壤和有机肥按一定比例混合均匀地施在草坪表面的作业。在建成的草坪上，表施细土可以改善草坪土壤结构，控制枯草层，防止草坪草徒长，有利于草坪更新，而修复凹凸不平的坪床可使草坪平整均一。

1. 覆沙或土的时机

覆沙或土最好在草坪的萌发期及旺盛生长期进行。一般暖季型草在 4—7 月和 9 月为宜，而冷季型草在 3—6 月和 10—11 月为好。

2. 准备工作

表施的土壤应提前准备，最好土与有机肥堆制。堆制过程中，在气候和微生物活动的共同作用下，堆肥材料形成一种同质的、稳定的土壤。

为了提高效果，在施用前应对表施材料过筛、消毒，还要在实验室中对材料的组成进行分析和评价。

表施细土的比例：沃土、沙、有机质为 1：1：1 或 2：1：1 较好。

3. 技术要点

（1）施土前必须先行剪草。

（2）土壤材料经干燥并过筛、堆制后施用。

（3）若结合施肥，则须施肥后再施土。

（4）一次施土厚度不宜超过 0.5 cm，最好用复合肥料撒播机施土。

（5）施土后必须用金属刷将草坪床面拖平。

四、草坪通气

时间长了土壤会变得板结，养分和水分很难渗透到植物根部，使植物的根部变浅继而干枯。为了减轻板结，通常采用通气的方法，即在草地上钻洞，让水分、氧气和养分能穿透土壤，达到根部，通气孔深度为 5～10 cm。

1. 打孔

打孔也称除土芯或土芯耕作，是用专门机具在草坪上打出许多孔洞挖出土芯的一种方式，如图 4—5 所示。

（1）打孔的时机。一般冷季型草坪在夏末或秋初进行，而暖季型草坪在春末和夏初进行。

（2）孔的大小。孔的直径在 6～19 mm，孔距一般为 5 cm、11 cm、13 cm 和 15 cm，最深可达 8～10 cm。

机器垂直运动式打孔   手动打孔器打孔

图 4—5　打孔

（3）打孔注意事项

1）一般草坪不清除打孔产生的土芯，而是待土芯干燥后通过垂直修剪机或拖耙将土芯粉碎，使土壤均匀地分布在草坪表面上，重新进入孔中。

2）打孔要避免在夏季进行。

3）经多次打孔作业，才可以改善整个草坪的土壤状况。

2. 划条与穿刺

与打孔相似，划条和穿刺也可用来改善土壤通透条件，特别是在土壤板结严重处（见图4—6）。但划条和穿刺不移出土壤，对草坪破坏较小。

（1）划条。划条是指用固定在犁盘上的 V 形刀片划土，深度可达 7～10 cm。不像打孔，其操作中没有土条带出，因而对草坪破坏很小。

（2）穿刺。穿刺与划条相似，扎土深度限于 2～3 cm。在草坪表面穿刺长度较短。

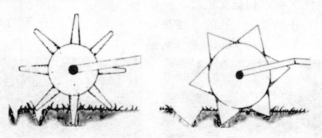

图 4—6　划条穿刺

3. 纵向刈割（纵向修剪）

纵向刈割（纵向修剪）是指用安装在横轴上的一系列纵向排列刀片的疏草机来修剪管理草坪（见图 4—7）。其刀片可以调整，能接触到草坪的不同深度。纵向刈割的作用如下：

（1）地上匍匐茎和横向生长的叶片可以被剪掉，也可用来减少果岭上的纹理。

（2）浅的纵向修剪，可以用来破碎打孔后留下的土条，使土壤均匀分布到草坪中。

（3）设置刀片较深时，大多数累积的枯草层可被移走。

（4）设置刀片深度达到枯草层以下时，则会改善表层土壤的通透性。

图4—7　纵向刈割

★提示：

　　垂直修剪应在土壤和草层干燥时进行，使草坪受到的伤害最小。垂直修剪应避开杂草萌发盛期。

五、草坪补植

为了恢复裸露或稀疏部分的草皮，应每年补种一次。补种最好在秋季，其次是在春季。

补植要补种与原草坪相同的草种，适当密植，补植后加强保养。补植前须将补植地表面杂物（包括更换的草皮）清除干净，然后将地表以下 2 cm 土层用大锄刨松（土块大小不得超过1 cm）后再进行草皮铺植。草皮与草皮之间可稍留间隙（1 cm 左右），但切忌不可重叠铺植。铺植完毕需用平锹拍击新植草皮，以使草皮根部与土壤密接保证草皮成活率，拍击时由中间向四周逐块铺开，铺完后及时浇水，并保持土壤湿润直至新叶开始生长。

模块六　草坪病、虫、草的防治

一、草坪病害防治

　　植物病害是植物活体在生长或储藏过程中由于所处环境条件恶劣或受到有害（微）生物的侵扰，致使植物活体受到的损害，包括正常的新陈代谢受到干扰，生长发育受到影响，遗传功能发生改变，以及植物产品的品质降低和数量减少等。

　　1. 草坪病害的原因

　　依据致病原因不同，草坪病害可分为两大类：一类是由生物寄生（病原物）引起的，有明显的传染现象，称为浸染性病害；另一类是由物理或化学的非生物性因素引起的，无传染现象，称为非侵染性病害。

　　（1）非侵染性病害。非侵染性病害，亦称生理性病害。其发生与草坪和环境两方面因素有关，包括土壤内缺乏草坪必需的营养或营养元素的供给比例失调，水分失调，温度不适，光照过强或不足，土壤盐碱伤害，环境污染产生的一些有毒物质或有害气体等。由于各个因素间是互相联系的，因此生理性病害的发生原因较为复杂，而且这类病症症状常与侵染性病害相似且多并发。

　　（2）侵染性病害。侵染性病害的病原物主要包括真菌、细菌、病毒、类病毒、类菌质体、线虫等，其中以真菌病害的发生较为严重。

2. 主要病害防治

在我国，常见的草坪病害防治方法具体见表 4—7。

表 4—7　　　　草坪主要病害及防治方法

名称	表现	危害	防治方法
锈病	茎、叶、颖上产生红褐色疮斑或条纹斑，后变为深褐色	严重时导致草坪草枯萎甚至大面积死亡	在发病地段，于草坪草返青期用 150 倍的波尔多液或 400～500 倍的多菌灵进行预防喷施，发病时可用敌锈钠、石硫合剂、代森锌、萎锈灵等农药防治
赤霉病	感染时先产生粉红霉，以后长出紫色小粒	严重时全株死亡	可用 1% 的石灰水浸种预防，发病时用 28°石硫合剂加 120～170 倍水进行喷施防治
叶斑病	产生叶斑	危害叶片，侵染根茎	定期使用杀菌剂预防
褐斑病	在叶片上产生大小变异的圆斑和死斑	危害叶片，影响草坪外观	使用波尔多液或杀菌剂
幼苗猝倒病	发病时出现斑点	种子染病	使用波尔多液
白粉病	叶表面出现小的白菌丝链的斑块，使病株呈现灰白色，如撒上白粉	叶片颜色变浅而后死亡	使用多种杀菌剂
腐霉枯萎病	发病时首先出现直径达 15 cm 的圆斑或伸长条纹，菌丝体显白色，絮状生长。当草茎干燥时，菌丝体消失，草叶枯萎，变成绿红色	在高温高湿条件下，腐霉菌侵染导致根部、根茎部、茎、叶变褐色、腐烂	加强草坪管理，合理灌水甲霜灵、百维灵、乙磷铝、杀毒矾、代森锰锌等都具有较好的防治效果，提倡混合或交替使用，一般浓度为 500～1 000 倍或更低，间隔 10～14 天

二、草坪虫害防治

草坪植物的虫害，相对于草坪病害来讲，对于草坪的危害较轻，比较容易防治，但如果防治不及时，亦会对草坪造成大面积的危害。按其危害部位的不同，草坪害虫可分为地下害虫和茎叶部害虫两大类。

草坪主要虫害防治，具体见表4—8。

表4—8　　　　　　　　　草坪主要虫害防治

虫害名称	发生时期	虫害形态	危害	防治方法	备注
蚂蚁	春夏秋季	成虫	撕破草坪草的根系，采食草坪种子或啃伤幼苗，蚁洞影响草坪景观质量	(1) 适时用疏耙和草坪碾压 (2) 在蚁巢中施入熏蒸剂或普通杀虫剂	
蛴螬	4—5月和8—9月	幼虫、成虫（金龟子）	咬断草根，使草坪草不费力即能从地面拔起，形成大小不一的枯草斑，严重时会造成草坪大面积死亡	使用杀虫灯诱杀成虫，直接降低蛴螬数量	使用药剂防治效果不明显
蝼蛄	春秋季	成虫	咬食地下的种子、幼根和嫩茎，使植株枯萎死亡。在表土层穿行，打出纵横的隧道，使植物根系失水干枯而死	使用杀虫灯诱杀，使用毒饵诱杀（用炒香的麦麸加入杀虫剂制成毒饵）	
地老虎	春夏秋季	幼虫	低龄幼虫将叶片啃成空洞、缺刻，大龄幼虫傍晚或夜间咬断草坪草近地表的颈部，造成整株死亡	傍晚喷施菊酯类杀虫剂	

虫害名称	发生时期	虫害形态	危害	防治方法	备注
夜蛾类	7～10月	幼虫	群体聚集，沿叶边缘咀嚼叶片，造成草坪秃斑，严重时可在一夜之间将大面积草坪吃光	用溴清菊酯、敌百虫、马拉硫磷等杀虫剂喷施防治，使用杀虫灯诱杀成虫	对爆发性害虫，3龄前进行化学防治最有效
螨类	春秋季	成虫	以刺吸式口器吸取植物枝叶，被害叶片褪绿、发白，逐渐变黄而枯萎	用专用杀螨剂直接对危害部位喷施	必要时重复使用
蝗虫	夏秋季	成虫和若虫	取食叶片或嫩茎，咬成缺刻，大面积发生时可把植物吃成光秆或全部吃光	（1）2.5％敌百虫粉剂等杀虫剂施入草坪中（2）严重时用剪草机或滚轴碾压（3）配合栽植措施减少粗放草坪的面积	只在大环境干旱时才发生危害
蚜虫	春夏秋季	成虫和若虫	群集于植物上刺吸，严重时导致生长停歇，植株发黄、枯萎。蚜虫排泄的蜜露会引发霉菌、污染植株，还可招来蚂蚁，进一步造成危害	40％氧化乐果乳油、50％灭蚜净乳油、2.5％敌百虫粉剂	很多新型环保型药剂可以使用

虫害名称	发生时期	虫害形态	危害	防治方法	备注
蚯蚓	夏季		取食土壤中的有机质、草坪枯草、烂根等,将粪便排泄于地表上,形成凹凸不平的土堆。影响草坪的质量,雨季最易发生,雨后会钻出草坪		

三、杂草防治

草坪中的杂草主要有马唐、牛筋草、稗草、水蜈蚣、香附子、天胡荽、一点红、酢浆草、白三叶草等。这些杂草密度大、生长迅速、竞争力强,对草坪生长构成严重威胁。草坪杂草的防治措施主要是物理防除和化学除草。

1. 物理防除

(1) 播种前防除。坪床在播种或营养繁殖之前,可用手工拔除杂草,或者通过土壤翻耕机具在翻挖的同时清除杂草。对于有地下蔓生根茎的杂草,可采用土壤休闲法,即夏季在坪床不种植任何植物,且定期进行耙、锄作业,以杀死杂草可能生长出来的营养繁殖器官。

(2) 手工除草。手工除草是一种古老的除草法,其污染少,在杂草繁衍生长以前拔除可收到良好的防除效果。拔除的时间是在雨后或灌水后,将杂草的地上、地下部分同时拔除。手工除草的要领如下:

1) 一般少量杂草或无法用除草剂的草坪杂草采用人工拔除。

2) 人工除草按区、片、块划分,定人、定量、定时地完成除草工作。

3）采用蹲姿作业，不允许坐地或弯腰寻杂草。

4）用辅助工具将草连同草根一起拔除，不能只将杂草的上半部分去除。

5）拔出的杂草及时放于垃圾桶内，不能随处乱放。

6）除草按块、片、区依次完成。

（3）滚压防除。对早春已发芽出苗的杂草，可采用重量为100～150 kg的轻滚筒轴进行交叉滚压消灭杂草幼苗，每隔两三个星期滚压一次。

（4）修剪防除。对于依靠种子繁殖的一年生杂草，可在开花初期进行草坪低修剪，使其不能结实从而达到防除的目的。

2. 化学除草

化学除草是使用化学药剂引起杂草生理异常导致其死亡，以达到杀死杂草的目的。

化学除草的优点是劳动强度低、除草费用低，尤其适于大面积除草，缺点是容易对环境造成一定的污染和破坏。使用除草剂进行化学除草应注意的事项，具体见表4—9。

表4—9　　　　　　　　　　化学除草的注意事项

序号	注意事项	说明
1	杂草状态	不要在杂草太大或太小时喷药，一般在杂草三叶期至分蘖前喷药效果好。在杂草太大时喷药，见效慢、效果差；杂草太小时，叶片面积小，吸收药量不够不足以将其杀死
2	水分	喷除草剂时，少量喷水或降雨可将叶片上的灰尘洗掉，利于除草剂吸收。除草剂分子在湿土土壤胶粒外层通过水的作用能很快形成药膜层，但过大的喷水量或降雨则会稀释除草剂，降低除草剂效果，且会增加草坪根系的吸收量，危及草坪安全。因此，施药后应在8 h后喷水，以免冲掉药液
3	光照	晴天喷药效果更好。光照使杂草对除草剂的吸收及传导速度提高，晴天大气湿度小，有利于药液雾滴快速下沉，可减少喷雾过程中除草剂的逸失

序号	注意事项	说明
4	风力	喷药时,最好是无风天气,至少小于二级风。因为风会造成药液飘移,减少单位面积药剂投放量,降低药效,且可能使周围其他植物产生药害。若遇二级以上风,可适当加大浓度(加大15%~30%)、药量、喷头孔径。若喷药者前进方向逆风,可倒退喷药,以免中毒
5	操作	喷药时,喷药人员应穿安全服(口罩、手套、工作服)。大面积喷药时,要做标记,防止重复或漏喷。喷完后,先清洗器械,并用洗衣粉泡24 h,然后用洗衣粉清洗身体暴露部位,再用肥皂清洗

第五单元　花卉栽植与养护管理

✍**本单元学习目标：**
1. 掌握露地花卉栽植的要领及日常养护的要求。
2. 掌握盆栽花卉栽植的要领及日常养护的要求。
3. 了解花卉的常见病虫害，掌握病虫害的防治方法。

模块一　露地花卉栽植与管理

露地花卉包括在露地直播的花卉和育苗后移栽到露地栽培的花卉。露地花卉一般适应性强、栽培管理方便、养护设备简单、生产程序简便、成本低，是园林绿化美化的主要素材。

一、栽植前的整地

整地是指在花卉播种或定植前对种植圃地进行翻耕、平整的操作过程。

1. 整地时间

（1）春季使用的土地。最好在上一年的秋季翻耕。

（2）秋季使用的土地。应在上茬作物出圃后立即翻耕。

（3）耙地。应在栽种前进行。如果土壤过干、土块不容易破碎，可先灌水，待土壤水分蒸发含水量达 60％左右时，再将土面耙平。在土壤过湿时耙地容易造成土表板结。

2. 整地深度

（1）一二年生花卉。其生长期短、根系较浅，整地要浅，一般耕翻的深度为 20～30 cm。

（2）宿根和球根花卉及木本花卉。整地要深，翻耕的深度在40～50 cm。

（3）大型的木本花卉。要根据苗木的情况深挖定植穴。黏土要适当加深，沙土可适当浅一些。

3. 整地方式

整地方式包括翻耕和耙地，具体如图5—1所示。

翻耕
> （1）大面积栽培时可采用机械翻耕，利用拖拉机带动犁来翻耕，也可采用小型的旋耕机
> （2）小面积栽培或不适宜机械耕作的花坛、花境等地，可采用人工用锹挖翻
> （3）翻耕前要先清理土地上的石块、残根、杂草等杂物

耙地
> （1）将翻耕的土地进一步整细整平
> （2）大面积的土地可用机械耙来完成
> （3）小面积的土地或不适宜机械作业的花坛等，可采用人工耙等工具把土块打碎整平地表

图5—1　整地的方式

4. 土壤改良

不同的土壤改良方式不一样，具体见表5—1。

表5—1　　　　　　　　　　不同土壤的改良方式

序号	土壤类型	改良方式
1	沙性土壤、过于黏重的土壤、有机质含量比较低的土壤	可通过增施有机肥、客土、加沙等方法加以改良。施入的有机肥包括堆肥、厩肥、锯末、腐叶、泥炭、甘蔗渣等
2	碱性土壤	若在碱性土壤上栽培喜酸性的花卉时，可施用硫酸亚铁、硫黄等提高酸度，10 m^{2}用量为1.5 kg，可降低pH值0.5～1.0

序号	土壤类型	改良方式
3	pH 值过低的土壤	栽培不喜酸的花卉时，利用生石灰、草木灰等加以中和

5. 施基肥

在花卉种植前施入的肥料称之为基肥。在肥料比较充足时，有机肥可在翻耕和耙地时施入，以便同土壤充分混合。一些精细的肥料或化肥可在播种或栽植时施入。施入到播种穴或栽植穴内同土壤充分混合。

6. 做畦

翻耕及耙过的土壤，在花卉种植前要做成栽培畦，栽培畦的形式要根据不同地区的气候条件、土壤条件、灌溉条件、花卉的种类以及花卉布置方式等采用不同的形式。

在雨量较大的地区栽培牡丹、大丽花、菊花等不耐水湿的花卉，最好采用高畦或高垄，并在四周挖排水沟。北方干旱地区多利用低畦或平畦栽培。

二、花卉的定植

1. 草本花卉

在栽植前挖好的栽植沟内施入少量的磷酸二铵等肥料，与土壤充分混匀后再栽苗。可在沟（穴）内先浇水，在水没有渗下以前把苗栽上，待水渗完后用土埋住苗，也可先栽苗后浇水。不同类型的花卉定植方法，具体见表 5—2。

表 5—2 草本花卉定植

序号	类别	定植方法
1	一二年生的草本花卉、秋季或早春播种育苗、营养钵育苗或花盆育苗	大苗带花栽植

序号	类别	定植方法
2	宿根花卉	一般在秋末植物上部枯萎停止生长时或在早春发芽前将植物带根挖出，结合分株繁殖进行
3	球根花卉	于早春挖出，结合分株繁殖，在苗床内催芽，待新芽 10 cm 左右时再定植到田间

2. 乔木及灌木花卉

乔木及灌木花卉的定植与园林树木的定植方法相同。

三、花卉的养护管理

1. 灌溉

（1）灌溉用水。浇花的水质以软水为好，一般使用河水、雨水最佳，其次为池水及湖水，泉水不宜。不宜直接从水龙头上接水来浇花，应在浇花前先将水存放几个小时或在太阳下晒一段时间。不宜用污水浇花。

（2）浇水时间。在夏秋季节应多浇，在雨季则不浇或少浇；在高温时期，中午切忌浇水，宜早、晚进行；冬天气温低，宜少浇，并在晴天上午 10 点左右浇；幼苗时少浇，旺盛生长期间多浇，开花结果时不能期间多浇；春天浇花宜在中午前后进行。

（3）浇水方式。每次浇水不宜直接浇在根部，要浇到根区的四周，以引导根系向外伸展。每次浇水过程中，按照"初宜细、中宜大、终宜畅"的原则来完成，以免表土冲刷。灌溉的形式主要有畦灌、沟灌、滴灌、喷灌、渗灌 5 种。

2. 施肥

（1）施基肥。在育苗和移栽之前施入土壤中的肥料，主要有厩肥、堆肥、饼肥、骨粉、过磷酸钙以及复混肥等。施入肥料，再用土覆盖，也可以将肥料先拌入土中，然后种植花卉。

★提示：

　　有机肥作基肥时，要注意充分腐熟，以免烧坏幼苗；无机肥做基肥时，要注意氮、磷、钾配合使用，且入土不要过深。

　　（2）施追肥。追肥是指在花木生长期间所施的肥料。一般多用腐熟良好的有机肥或速效性化肥。追肥的施肥方法具体见表5—3。

表 5—3　　　　　　　　　追肥的施肥方法

序号	方法	具体操作	备注
1	埋施	在花卉植物的株间、行间开沟挖坑，将化肥施入后填上土	（1）浪费少，但劳动量大，费工 （2）注意埋肥沟坑要离作物茎基部 10 cm 以上，以免损伤根系
2	沟施	在植株旁开沟施入，覆土	
3	穴施	在植株旁挖穴施入，覆土	
4	撒施	在下雨后或结合浇水，趁湿将化肥撒在花卉株行间	只宜在操作不方便、花卉需肥比较急的情况下采用
5	冲施	把定量化肥撒在水沟内溶化，随水送到花卉根系周围的土壤	（1）肥料在渠道内容易渗漏流失，还会渗到根系达不到的深层，造成浪费 （2）方法简便，在肥源充足、作物栽培面积大、劳动力不足时可以采用

序号	方法	具体操作	备注
6	滴灌	在水源进入滴灌主管的部位安装施肥器,在施肥器内将肥料溶解,将滴灌主管插入施肥器的吸入管过滤嘴,肥料即可随浇水自动进入作物根系周围的土壤中	(1) 配合地膜覆盖,肥料几乎不挥发、不损失,又省工省力,效果很好 (2) 要求有地膜覆盖,并要有配套的滴灌和自来水设备
7	插管渗施	(1) 将氮、磷、钾合理混配(一般按8:12:5的比例)后装入插管内并封盖 (2) 将塑料管插入距花卉根部5~10 cm的土壤中,塑料管顶部露出土壤3~5 cm	操作简便,肥料利用率高,能有效降低化肥投入成本

3. 中耕除草

(1) 中耕的时间。不宜在土壤太湿时进行。

(2) 中耕的工具。有花锄和小竹片等,花锄用于成片花坛的中耕,小竹片用于盆栽花卉。

(3) 中耕的深度。以不伤根为原则。根系深,中耕深;根系浅,中耕浅;近根处宜浅,远根处宜深;草本花卉中耕浅,木本花卉中耕深。

4. 整形修剪

(1) 整形。露地花卉一般以自然形态为主,在栽培上有特殊需求时才结合修剪进行整形。整形主要的形式有单干式、多干式、丛生式、垂枝式、攀缘式,具体说明见表5—4。

表 5—4   **露地花卉的整形形式**

序号	整形形式	说明
1	单干式	整株花卉只留一主干，以后只在顶端开一朵大花。从幼苗开始将所有侧蕾和侧枝全部摘掉，使养分集中。一个主干顶端稍稍分出若干侧枝，形成伞状，要从小除侧枝，只最后才留部分顶端的侧枝
2	多干式	在苗期摘心，使基部形成数条主枝。根据所想留主枝的数目，摘除不要的侧枝。一般主枝只留 3~7 条，如菊花
3	丛生式	灌木类或竹类，以丛生式定型，要疏密相称、高低相宜，使之更富诗情画意，如南天竹、美人蕉、佛肚等
4	垂枝式或攀缘式	多用于蔓生或藤本花卉，需要搭架使之下垂或攀升，同时也要适当整枝，方法同上，如悬崖菊、牵牛花等

（2）修剪。修剪主要是摘心、除芽、去蕾，具体见表 5—5。

表 5—5   **花卉的修剪**

序号	类别	操作方式	作用	常见花卉
1	修枝	剪除枯枝、病枝、残枝和过密的细弱枝条	促进通风、透光，节省养分，改善株形	
2	摘叶	摘去部分老叶、下脚叶和部分生长过密的叶	防止叶片过于茂密影响开花结果	
3	摘心	除去枝梢的顶芽	促使侧芽萌发，枝条增多，形成丛生状，开花繁多	百日草、一串红、翠菊、万寿菊、波斯菊等
4	除芽	除去过多的侧芽或脚芽	使所保留的花朵或枝条养分充足，花大色美	菊花、大丽花等
5	去蕾	除去侧蕾，保留顶蕾	顶蕾营养充足而发育良好，花大、花形美	
6	短截	剪除枝条的一部分，使之缩短	促使萌发侧枝，使萌发的枝条向预定空间抽生	

模块二　盆栽花卉栽植与管理

一、营养土的配制

营养土又叫培养土（盆土、花土），是人工配制、营养丰富、结构良好的人工基质。所谓基质，就是固定植物根系，并为植物提供生长发育所需要的养分、水分、通气等条件的物质。

1. 配制常用材料

配制营养土常用的材料有园土、腐叶土、粒沙、堆肥土、塘泥、蛭石、珍珠岩、针叶土、锯末木屑、稻壳、甘蔗渣、陶粒、炉渣、木炭、水苔、苔藓、蛇木板等。

2. 混合配制

根据所选基质种类的不同，配制方法可分为无机复合基质、有机复合基质和无机—有机复合基质3类。

3. 营养土的消毒

消毒的方法有烧土消毒、蒸汽消毒和药品消毒等。具体如下：

（1）烧土消毒。这种方法简单易行、安全可靠。把土放在装有铁板的炉灶上翻炒，根据土壤湿润状态不同，烧土所需要的温度也不同，一般80℃历时30 min便可把土壤中的有害生物杀死。如果消毒时间过长，会把有益的生物也杀死。

（2）蒸汽消毒。蒸汽消毒效果最好，方法简单。其利用放出蒸汽的热进行消毒，土壤量大的可选用此法。温度达100℃后，保持10 min即可达到消毒的目的。

（3）药品消毒。药品消毒主要有3种方法，具体见表5—6。

表 5—6　　　　　　　　　　　**药品消毒方法**

序号	方法	具体操作	备注
1	福尔马林消毒法	每立方米的营养土，喷洒 50～100 倍的溶液 400～500 mL，翻拌均匀，堆积成堆，用塑料薄膜覆盖。48 h 后，揭去薄膜，摊开土堆，翻动几次，一周后即可使用	注意福尔马林易使土壤的物理性状劣变
2	三氯硝基甲烷消毒法	营养土分层堆积，每层的厚度 20～30 cm，喷洒氯化苦每立方米 50 mL，堆积三四层，用塑料薄膜覆盖，20℃气温下保持 10 天，揭去薄膜后翻动几次	
3	高锰酸钾消毒法	乐果 1 500 倍液混入稀释 1 000 倍的高锰酸钾溶液喷洒营养土，上下翻倒均匀，塑料薄膜覆盖 24 h	药味散尽后才可使用

4. 营养土的酸碱测试与调节

（1）酸度测定。土壤酸碱度的测定可以使用 pH 试纸和酸度计。

（2）酸度调节。碱性土要调酸，加硫黄粉和硫酸亚铁；酸性土要中和，可以使用石灰粉、石膏、草木灰。

二、花卉上盆

将花苗栽植于花盆中的过程称为上盆，也叫盆栽，一般在春秋两季进行。上盆主要分为以下 4 个步骤：

1. 垫片

用两块或三块碎盆片盖在盆底排水孔洞的上方，搭成人字形或品字形，使盆土不会落到洞口而多余的水又能流出。

★提示：

对紫砂盆、瓷盆等，还应在盖片上再加些碎砖、碎瓦片以便于排水，增强盆土透气性。

2. 加培养土

先加一层粗培养土（板栗大小晒干的塘泥），加基肥，再铺一层细培养土，以免花卉的根与基肥直接接触。

3. 移苗

将花苗立于盆中央，掌握种植深度不可过深或过浅，一般是根茎处距盆口沿约 2 cm。一手扶苗，一手从四周加入细培养土。加到半盆时，振动花盆，用手指轻轻压紧培养土，使根与土紧密结合；再加细培养土，直到距盆口 4 cm，面上稍加一层粗培养土，以便浇水施肥，并防止板结。只有基生叶而无明显主茎的花苗，上盆时要注意"上不埋心，下不露根"。

4. 浇水

上盆后要浇透水，并移至荫蔽处一周左右。

三、花卉换盆

花卉小苗长大后经过 2～3 次换盆才定植于大盆中。多年生的花木也要通过定期（每年或 2～3 年后）换盆更新培养土。

★提示：

花卉盆栽时间过长时，盆土的理化性质变劣，营养减少，植株根系部分腐烂老化，此时需要换掉大部分营养土，适当修剪根系，重新栽植，称为翻盆。

1. 换盆时间

对于盆花，一定要选择好换盆时机，如果原来的花盆够大，就尽量不要更换。

多数情况最好在春天进行换盆，这更有利于花的适应。多年生花卉换盆多在休眠期进行，不要在开花期换盆。

2. 换盆次数

一二年生花卉一年换盆 2～3 次，宿根花卉一年一次，木本花卉 2～3 年一次。

3. 换盆步骤

换盆步骤具体如图 5—2 所示。

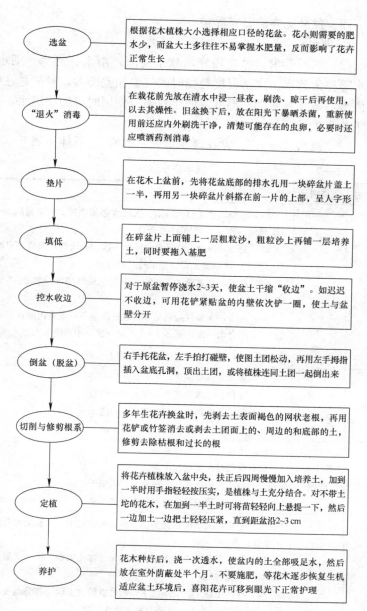

选盆	根据花木植株大小选择相应口径的花盆。花小则需要的肥水少，而盆大土多往往不易掌握水肥量，反而影响了花卉正常生长
"退火"消毒	在栽花前先放在清水中浸一昼夜，刷洗、晾干后再使用，以去其燥性。旧盆换下后，放在阳光下暴晒杀菌，重新使用前还应内外刷洗干净，清楚可能存在的虫卵，必要时还应喷洒药剂消毒
垫片	在花木上盆前，先将花盆底部的排水孔用一块碎盆片盖上一半，再用另一块碎盆片斜搭在前一片的上部，呈人字形
填低	在碎盆片上面铺上一层粗粒沙，粗粒沙上再铺一层培养土，同时要拖入基肥
控水收边	对于原盆暂停浇水2~3天，使盆土干缩"收边"。如迟迟不收边，可用花铲紧贴盆的内壁依次铲一圈，使土与盆壁分开
倒盆（脱盆）	右手托花盆，左手拍打碰壁，使图土团松动，再用左手拇指插入盆底孔洞，顶出土团，或将植株连同土团一起倒出来
切削与修剪根系	多年生花卉换盆时，先剥去土表面褐色的网状老根，再用花铲或竹签消去或剥去土团面上的、周边的和底部的土，修剪去除枯根和过长的根
定植	将花卉植株放入盆中央，扶正后四周慢慢加入培养土，加到一半时用手指轻轻按压实，是植株与土充分结合。对不带土坨的花木，在加到一半时可将苗轻轻向上悬提一下，然后一边加土一边把土轻轻压紧，直到距盆沿2~3 cm
养护	花木种好后，浇一次透水，使盆内的土全部吸足水，然后放在室外荫蔽处半个月。不要施肥，等花木逐步恢复生机适应盆土环境后，喜阳花卉可移到眼光下正常护理

图 5—2 换盆步骤

四、盆栽花卉的日常养护

1. 浇水

（1）水质要求。盆花最好用软水浇灌，雨水、河水、湖水、塘水等称为软水。浇水温度与当时的气温相差要大，夏季忌在中午浇水，冬季自来水的温度常低于室温，使用时可加些温水，有利于花卉生长。

（2）浇水"五看"。盆花浇水讲究"五看"，具体见表5—7。

表 5—7   浇水要求

序号	类别	具体内容
1	看季节	（1）春季，盆花出室后第一次浇水必须浇透。初春每隔2～3天浇水一次，以后为1～2天浇水一次 （2）夏季，遇晴天每天至少浇水一次，入伏后，遇晴天早晚都应浇水一次，盆土发白变干时及时补水 （3）秋季，盆栽花木重新转入缓慢生长时期，一般2～3天浇水一次 （4）冬季，大多数盆栽花卉转入室内越冬，温室内的花卉一般1～2周浇水一次，至多4～5天浇一次，不可浇水太多太勤
2	看天气	干旱多风天气多浇，阴雨天气缓浇、少浇或停浇
3	看种类、品种	（1）草本花卉应多浇，木本花卉应少浇 （2）球根、球茎类花卉不宜久湿、过湿 （3）冠径大的阔叶、多叶类花卉多浇 （4）冠径小的窄叶、小叶类花卉少浇
4	看生育阶段	（1）生长旺盛阶段宜多浇 （2）生长缓慢阶段宜少浇 （3）种子和果实成熟阶段盆土宜稍偏干 （4）休眠阶段应减少浇水次数和浇水量
5	看盆	（1）小花盆浇水次数宜多、一次浇水量宜少，大盆浇水量应比小盆稍多 （2）陶瓷花盆浇水勿太多太勤；泥瓦盆孔隙多，浇水次数和浇水量可适当增加 （3）沙性土易干，应多浇水；黏性重的盆土既要防涝也要防旱，并及时中耕松土，应适当减少浇水次数

序号	类别	具体内容
		（4）盆土颜色发白、质量变轻、手感坚硬时多浇，呈暗灰色或深褐色、质量沉实、手感松软、土壤潮湿，可暂不浇水
		（5）新上盆的花卉在土壤水分不足时，不宜直接大量浇水，应先用培养土把盆壁四周的裂缝堵塞，再缓缓注入少量水分，待盆土湿润后再按常规法浇水

2. 施肥

（1）施好基肥。花卉在播种、上盆或换盆时，将基肥施入盆底或盆下部周围，以腐熟后的饼肥、畜禽粪、骨粉等有机肥为主。施入量视盆土多少、花株大小而定，一般每 5 kg 盆土施 300～400 g 有机肥为宜。

（2）适时适量追肥。在花卉植株生长旺期，根据其发育状况（包括叶色及厚度、茎的粗壮程度、花色鲜艳程度等），可将速效性肥料直接施入盆内外缘，深度为 5 cm 左右，施入量依盆土多少而定。追肥在花卉生长季节都可进行，植株进入休眠期则停止施肥。每周施 1～2 次，立秋后每半月施一次。

（3）必要时叶面喷肥。一般情况下，草本花卉使用浓度为 0.1%～0.3%，木本花卉为 0.5%～0.8%，喷施应选在早晨太阳出来前或傍晚日落后。每周喷一次，连续三次后停喷一次（约半个月），以后再连续。

3. 整形与修剪

盆栽花卉的整形与修剪要求同露天花卉一致。

模块三　花坛的布置

布置花坛是社区绿化的重要组成部分，尤其是在节日，公园绿地、街头巷尾用各色鲜花布置多种形式的花坛，呈现万紫千红、花团锦簇的景观，更能增添喜庆气氛。花坛的种类和布置形式多样，人们把以花卉为主要植物材料，集中布置成以观赏为主要目的的植物配植，称为花坛。

一、平面花坛

平面花坛是指从表面观赏其图案与花色的花坛（见图5—3）。花坛本身除呈现简单的几何形状外，一般不修饰成具体的形体。这种花坛在社区绿化中最为常见。

图5—3　平面花坛

1. 整地

（1）整地的质量要求。栽培花卉的土壤必须深厚、肥沃、疏松。在开辟花坛之前，一定要先行整地，将土壤深翻30 cm以上。在深翻细耙过程中，清除草根、石块及其他杂物，施入基肥，严禁混入有害物质。如果栽植深根性花卉，土壤还要翻得更深一些。如果土质很差，则应全部换成符合要求的土壤。

（2）花坛的表面地形处理。平面花坛的表面不一定呈水平状，花坛用地应处理成一定的坡度，以便于观赏和有利于排水。可根据花坛所在位置，确定坡的形状。若从四面观赏，可处理成中间高四周低或台阶状等形式；如果只是单面观赏，则可处理成一面坡的形式。花坛形式如图5—4所示。

（3）花坛的地面、边饰、边界。花坛的地面应高出所在地的

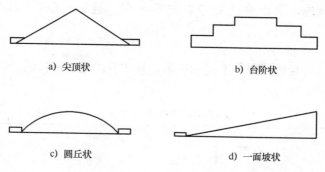

a) 尖顶状   b) 台阶状

c) 圆丘状   d) 一面坡状

图 5—4　花坛形式

地平面,这样有利于排水,尤其是四周地势较低之处更应如此。为了使花坛有明显的轮廓和防止水土流失,四周最好以花卉材料作边饰,如麦冬、雀舌黄杨、龟甲冬青等。同时应作边界,可用砖块、预制块、天然石块等修砌。单面设置的最好用常绿树(如桂花、含笑等)作背景加以衬托,这样组合更显美观。

　　2. 定点放线

　　栽植花卉前,先在地面上准确地划出花坛位置和范围的轮廓线。定点放线常用的方法见表5—8。

表5—8　　　　　　　　定点放线的方法

序号	类别	方法
1	图案简单的规则式花坛	根据设计图纸直接用皮尺量好实际距离,并用灰点、灰线做明显标记即可
2	模纹花坛	图形整齐、图案复杂、线条规则的花坛,称为模纹花坛。一般以五色草为主,再配植一些其他花卉作为布置模纹花坛的材料。模纹花坛放线严格,可用较粗的铁丝按设计图纸的式样编好图案轮廓模型,检查无误后,在花坛地面上轻轻压出清楚的线条痕迹
3	有连贯和重复图案的花坛	有些模纹花坛的图案是互相连贯和重复布置的。为保证图案的准确性,可用较厚的纸板按设计图剪好图案模型,在地面上连续描画出来

此外，定点放线要考虑先后顺序，避免踩乱已放印好的线条。

3. 栽植

（1）栽植方法。不同的花苗，栽植方法是不一样的，具体见表5—9。

表5—9   不同花苗的栽植方法

序号	类别	花卉品种
1	栽植裸根花苗	裸根花苗应随起随栽，尽量保持根系完整。裸根花苗在栽植前可将须根切断一些，以促使速生新根。栽植裸根花苗时，每栽一株均需用双手拇指和食指将土按实
2	栽植泥球花苗	起苗时，要保持泥球完整、根系丰满。栽植穴要挖大些，保证苗根舒展。栽泥球苗时，要用小锄头将土壤捣实
3	栽植盆育花苗或营养钵花苗	栽植盆育花苗或营养钵花苗时，先将盆脱去，但应保持盆土不散，方法与栽植泥球花苗相同。如布置临时性花坛，可连盆将花苗栽于花坛内，盆沿与花坛土面平齐即可

（2）栽植顺序

1）单个的独立花坛。应按由中心向四周的顺序退栽。

2）一面坡式的花坛。应按自上而下的顺序栽植。

3）高低不同的花苗品种混栽。应先栽高的后栽低矮的。

4）宿根、球根花卉与一二年生花卉混栽。应先栽宿根、球根花卉，后栽一二年生花卉。

5）模纹花坛。应先栽好图案的各条轮廓线，然后再栽轮廓线内部的填充部分。

6）大型花坛。可以分区、分块栽植。

（3）栽植距离。花的栽植间距，要以植株的高低、分蘖的多少、冠丛的大小而定，以栽后不露地面为原则。也就是说，距离依相邻的两株花苗冠丛之和确定。但栽植尚未长大的小苗，应留出适当的空间。栽植模纹花坛，植株间距应适当密些。栽植规则式花坛，花卉植株间错开栽植成梅花状（或叫三角形栽植）。

（4）栽植深度。栽植深度对花苗的生长发育有很大的影响。栽植过深，对花苗根系生长不利，甚至会导致腐烂死亡；栽植过浅，花苗不耐干旱，而且植株易倒伏。栽植深度以壅土刚盖过根颈部为宜。栽好后，应使用细眼喷嘴浇水，防止水流冲倒花苗，待第一次浇的水渗入土壤后再浇一次，确保浇透。

4. 花卉更换

各种花卉都有一定的花期，要使花坛长期有花，必须根据季节和花期适时更换花卉。全年换花次数一般不少于 4 次，要求高的花坛每年换花多达 8 次。

二、立体花坛

所谓立体花坛，就是用砖、木、竹、泥、钢筋、钢管、角钢等制成骨架，再用五色草布置外形的植物配植形式，如布置成花瓶、花篮、鸟兽等形状，如图 5—5 所示。

图 5—5　立体花坛

1. 制作立体造型骨架

立体花坛造型必须达到艺术性和牢固性的统一，一般应有一个特定的外形，根据花坛设计图而定。外形结构的制作方法是多种多样的，目前常用钢筋、钢管、角钢制成造型骨架，中心用废旧的砖块、泡沫塑料等作填充物，基座用木工板等制成。然后，用细网眼（1.5 cm×1.5 cm）铁丝网将造型骨架和基座固定好，填入疏松的细土作为栽植五色草时固定根系的基质。

2. 布置立体花坛

布置立体花坛的步骤与要求见表5—10。

表 5—10　　　　　　　布置立体花坛的步骤与要求

序号	步骤	具体要求
1	栽植五色草	立体花坛的主体植物材料一般用五色草，五色草宜小不宜大，以扦插刚发根成活的小苗为好。五色草从铁丝网的细孔中栽入，栽植时用刀、竹签先打一小孔，再将五色草的根系理直插入孔中，插入时要使根系舒展，然后把土填实。栽植的顺序一般应由下部开始，顺序向上栽植。栽植密度应稍大一些
2	及时修剪	为克服植株向上弯曲生长（植物的背地性生长习性）现象的发生，应及时进行修剪，并经常整理外形
3	点缀花卉	花瓶式立体花坛的瓶口、花篮式立体花坛的篮口等，可以布置一些开放的鲜花。立体花坛基座四周应布置草花或布置成模纹花坛

3. 立体花坛养护

立体花坛的养护主要包括以下两项工作，具体如图5—6所示。

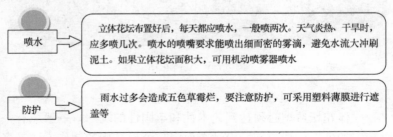

图 5—6　立体花坛的养护

三、花台

花台又称花池（见图 5—7），是我国传统的花卉种植形式，在我国已有悠久的历史。其特点是以假山石料或砖块等堆砌成高出地面的池状花坛，故人们习惯称之为"花池"。现今在花台的应用上，各地多喜欢和假山叠石相结合。花台植物的配植采用草本和木本相结合的形式。

图 5—7　花台

1. 花台的位置

花台设置位置一般在庭院的中央、两侧或角隅，也有与建筑相连而设于墙基、窗下或门旁的。

2. 花台花卉的选择

花台因布置形式及环境不同而风格各异。我国古典园林及民族式的建筑庭院内，花台常为"盆景式"，以松、竹、梅、牡丹、杜鹃等为主，配饰山石小草，重姿态风韵，而不在乎色彩华丽。花台以栽植草花作整形布置时，其选材基本上与花坛相同，但因面积狭小，一个花台内常用一种花卉。因其台面高于地台，故更应选株形较矮或茎叶匍匐、下垂于台壁的花卉。

3. 适用于花台的花卉品种

适用于花台的花卉品种，具体见表5—11。

表 5—11 花台花卉品种

序号	类别	花卉品种
1	木本类	松、梅、牡丹、杜鹃、月季、迎春、贴梗海棠、垂丝海棠、山茶、栀子、含笑、棣棠、金丝桃、紫玉兰、云南黄馨、南天竹、八仙花等
2	草本类	芍药、萱草、玉簪、鸢尾、兰花、麦冬、沿阶草、水仙、葱兰、石蒜等
3	竹类	紫竹、方竹、凤尾竹、菲白竹等

4. 花台植物的栽植

花台内栽种的植物多注重单株形态，栽植时要求精细。栽植木本花卉时，栽植穴要略大于植株的根系或泥球，穴底部必须符合栽植要求，入穴时要深浅适中，调整植株观赏面和姿态。种植后土壤一定要按实，定植后要浇足水，并作整形修剪，保持树形完美。栽植花卉与布置花坛的种植要求相同。

5. 花台的养护管理

花台养护管理一般要求精细，应根据不同花卉品种的栽培要求和观赏要求进行修剪、施肥和病虫害防治，以促进正常生长发育。对特殊姿态造型的树木，更需注重整形修剪，并加以保护，以保持其特定的优美姿态。

模块四 花卉的病虫害防治

花卉常见的病虫害，有白粉病、锈病、黑斑病、缩叶病、黄化病等，以及天牛类、蚜虫类、介壳虫类、金龟子类等害虫。

一、花卉常见病害的防治

1. 白粉病

（1）常见病害花卉。常见于凤仙花、瓜叶菊、大丽菊、月季、垂丝海棠等花卉，主要发生在叶片，也危害嫩茎、花及果实。

（2）病情表现。初发病时，先在叶上出现多个褪色病斑，但其周围没有明显边缘，后小斑合成大斑。随着病情发展，病斑上布满白粉，叶片萎缩，花受害而不能正常开花，果实受害则停止发育。此病发生期可自初春，延及夏季，直到秋季。

（3）防治方法。初发病时应及早摘除病叶，防止蔓延；发病严重时，可喷洒 0.2°～0.3°石硫合剂或 1 000 倍 70%甲基托布津液。

2. 锈病

（1）常见病害花卉。易发此病的花卉以贴梗海棠等蔷薇科植物居多，包括玫瑰、垂丝海棠等。另外，芍药、石竹也易患此病。

（2）病情表现。发病期为早春，初期在嫩叶上呈斑点状失绿，后在其上密生小黑点，初期嫩叶上出现黄色圆块，并自反面抽出灰白色羊毛状物，至 8～9 月，产生黄褐色的粉末状物，危害严重时会引起落叶。

（3）防治方法。尽量避免在附近种植松柏等转主寄生植物。早春，约为 3 月中旬，开始喷洒 400 倍 20%萎锈灵乳剂液或50%退菌特可湿性粉剂，约半个月后再喷一次，直到 4 月初为止，若春季少雨或干旱，可少喷一次。

3. 缩叶病

（1）常见病害花卉。主要发生在梅、桃等蔷薇科植物的叶片上。

（2）病情表现。早春初展叶时，受害叶片畸形肿胀，颜色发红。随着叶片长大，向反面卷缩，病斑渐变成白色，其上有粉状物出现。由于叶片受害，嫩梢又难正常生长，乃至枯死。叶片受害严重则掉落，影响树势，减少花量。

（3）防治方法。发病初期，应及时摘除初期显现病症的病叶，以减少病源传播。早春发芽前，喷洒 3°～5°石硫合剂，消除在芽鳞内外及病梢上越冬的病源。若能连续两三年这样做，就可以比较彻底地防治此病。

二、花卉常见虫害的防治

1. 蚜虫

(1) 常见虫害花卉。多种盆栽花卉均受蚜虫危害，如桃、月季、榆叶梅、梅花等。

(2) 病情表现。蚜虫多聚集在叶片反面，以吸食叶液为生。随着早春气温上升，受害叶片不能正常展叶，新梢无法生长，严重时会造成叶片脱落，影响开花。至夏季高温时，有些蚜虫迁飞至其他植物（如蔬菜等）上，直至初冬再飞回树上产卵越冬。

(3) 防治方法。发芽后展叶前，可喷洒 1 000 倍 40％乐果乳剂，杀死初经卵化的幼蚜，也可先不喷药，以保护瓢虫等天敌，让其消灭蚜虫，直至因种群消长失衡，天敌无法控制蚜虫时，再考虑用药。

2. 介壳虫

介壳虫种类之多、危害花木之众为害虫之最。例如，龟甲蚧，白色脂质，圆形；桑白蚧，白色，尖形；牡蛎蚧，深褐色，雄虫长形，雌虫圆形；盔甲蚧，深褐色，圆形，形似盔甲。

(1) 常见虫害花卉。易受介壳虫危害的植物有山茶、石榴、夹竹桃、杜鹃、木槿、樱花、梅、桃、海棠、月季等。

(2) 病情表现。幼虫先在叶片上吸食汁液，使叶片失绿，至成虫时，多在枝干上吸食汁液，严重衰弱树势而影响开花。

(3) 防治方法。用手捏死或用小刀刮除叶片和枝干上的害虫，在幼虫期喷洒 1 000 倍 40％乐果乳剂 1～2 次，其间相隔7～10 天。

3. 红蜘蛛

虫体小，几乎肉眼难以分辨，多聚生，且繁殖速度极快。

(1) 常见虫害花卉。易受危害的植物很多，如月季、玫瑰、桃、樱花、杜鹃等。

(2) 病情表现。虫聚生于叶片背面吸食汁液，初使叶片失绿，最终造成叶片脱落、新梢枯死。严重时，小树生长衰弱甚至死亡。

（3）防治方法。于初发期喷洒 1 000 倍 40% 乐果乳剂或 1 000～1 500 倍 40% 三氯杀螨乳剂，喷杀时要周到密布。夏季高温时，虫类繁殖快，往往防治不及，要早喷洒农药，且要连续 3～4 次，其间间隔 7 天左右，而且不要单一使用一种农药，以免产生抗药性。

4. 线虫

线虫危害植物根部，引起植物发育不正常。

（1）常见虫害花卉。受害植物有兰花、康乃馨、水仙、牡丹等。

（2）病情表现。虫害轻时，往往不易察觉；虫害严重时，植物生长不良，开花不旺。土壤中线虫种类繁多、虫体幼小，肉眼几乎看不到。

（3）防治方法。每千克种植土壤中加 20～30 粒 3% 呋喃颗粒剂，通过土壤溶解，缓缓释放来消灭线虫。

5. 毛虫类

毛虫类有天幕毛虫、舟形毛虫等。其食性很杂，几乎危害所有植物，虫害呈暴发性，要及早防治，主要采用人工捕捉的方法，必要时用 1 000 倍 40% 乐果乳剂喷洒。

（1）常见虫害花卉。常见于桃、梅、樱花等。

（2）病情表现。幼虫在枝干中蛀食，严重的可将二三年生大枝蛀断，影响树姿。

（3）防治方法。平时注意观察，当枝干上有蛀孔，并自蛀孔排泄出小颗粒状粪便时，可用铁线自蛀孔向虫道内挖除，或将枝剪断，杀死害虫。通过 150 倍 80% 的敌敌畏乳剂，通过注射器由虫道排粪口注入，然后以湿泥将虫道堵住，杀死害虫。

6. 地下害虫

地下害虫主要有：蛴螬，即金龟子幼虫，白色；地老虎，绿黑色。在土壤里以取食植物根或根颈部为生，常致植物死亡。防治方法是及时从其入土洞口挖除。

第六单元　水生植物的栽植与养护

模块一　水生植物的种类

水生植物是指根漂在水中的植物或是在水中长根的植物，广义而言乃指生活在水域中，`除了浮游生物之外，其他所有植物的总称。水生植物生长在水边湿地或水域中，于水生态体系中扮演生产者之角色，可吸收二氧化碳并释放氧气，供水中的生物呼吸，而枝叶则可为鱼群庇护，并可降低水面反光辐射，增添水中景致。水生植物主要可区分为以下 5 种生态形式：

一、沉水植物

根固定水底，茎叶均沉没于水中，根系不发达，对养分吸收不佳。其组织及角质层不发达，叶呈现透明细长或为波浪状或羽裂状，开花时花朵会伸出水面于水面授粉，少数可于水中授粉。如水蕴草、金鱼藻。

二、浮叶植物

根固定水底，茎大多沉于水中，叶片及花朵浮现在水面，叶柄随着水深改变而伸长。其特征是改变叶形，在深水场所也能生存，浮在水面的叶片称水叶或浮叶。如睡莲、小荇菜、萍蓬草、水金英、菱角等。

三、挺水（抽水）植物

生长于水深 0.5～1 cm 之浅水域中，根部生于水底，茎的基部亦沉浸于水中生长，茎叶露出水面生长。如荷花、纸莎草、团扇钱草、四叶萍、慈姑、香蒲、菖蒲、野姜花。

四、湿地（湿生）植物

根部生于含饱和水分之介质中，茎及叶生长于水面上。其特征是根部能耐湿润环境，不因水位上涨或下降而影响其生长，即使不常浸水也能生存。如莎草、水过长沙、千屈菜、新月草、伞莎、水木贼、美人蕉、水芋。

五、漂浮（漂移）植物

植物生长于水面或水中，根部不在水底扎根，随波而逐流。如布袋莲、水芙蓉、青萍、槐叶萍、满江红。

模块二 水生植物的种植

一、植物品种选择

社区绿化以挺水植物和浮叶植物为主，但是不同季节、不同水深适合种植的水生植物品种也不一样。

1. 挺水植物

挺水植物有荷花、香蒲、水葱、茭草、芦苇、菖蒲、旱伞草、再力花、千屈菜、梭鱼草，其种植季节、适宜水深和温度，具体见表 6—1。

表 6—1 　　挺水植物的种植季节、适宜水深和温度

编号	名称	种植季节	适宜水深	适宜温度
1	荷花	3—4 月分株繁殖	栽种后 10～15 cm，之后 40～120 cm	20～35℃
2	香蒲	3—11 月均可移栽	初栽时期 3～5 cm，旺盛生长期 10～15 cm	15～30℃

编号	名称	种植季节	适宜水深	适宜温度
3	水葱	旺盛生长期主要在3—10月	初期10~15 cm，栽种后20~30 cm	15~30℃
4	茭草	3月份萌芽，生长旺盛期为4—7月	栽种后5~7 cm，旺盛期20~25 cm	15~30℃
5	芦苇	旺盛生长期5—7月	分株及扦插。栽种后灌浅水养护至萌发新梢，深水正常管理	20~30℃
6	菖蒲	2月萌发，生长旺盛期3—5月	分株，生长期、休眠期均可。初期5~7 cm，维护水位10~15 cm	15~25℃
7	旱伞草	播种在3—4月，盆播为宜，播种后浸盆，土质湿润后盖薄膜或玻璃	水位要求严格，适宜的水位深度3~5 cm，水位过高影响新芽光合作用，易导致腐烂	25℃
8	再力花	4月中旬播种，一般采用分株法栽种	从水深0.6 m浅水水域直到岸边，水可没基部均生长良好	最适温度为20~30℃，低于20℃生长缓慢，10℃以下几乎停止生长
9	千屈菜	播种在3月底至4月初，分株可在4月份进行，扦插可在春夏两季进行	适宜水深为30~40 cm	最适温度为20~30℃
10	梭鱼草	分株法和种子繁殖。分株在春夏两季进行，种子繁殖一般在春季进行	适宜低于20 cm浅水，可直接栽植于浅水中，或先植于花缸内再放入水池	适宜生长发育的温度为18~35℃，18℃以下生长缓慢，10℃以下停止生长

2. 浮叶植物

睡莲、萍蓬草、荇菜、芡实等浮叶植物，其种植季节、适宜水深和温度，具体见表6—2。

表6—2　　　　浮叶植物的种植季节、适宜水深和温度

编号	名称	种植季节	适宜水深	适宜温度
1	睡莲	多采用分株繁殖。3月将根茎于池中或盆内掘起，切成约10～15 cm长段，用25 cm以上的大盆，盆底先装田泥，低于盆口约8 cm，将根茎放上后再覆盖薄层田泥，浇足水分，等出芽后将盆泥沉入池中。播种繁殖于3—4月进行，在水盆中盛泥，注水深1 cm，再撒一层河沙，然后下种，随芽的逐渐伸长，水位也相应逐渐升高	将盆置于温暖而阳光充足的地方，出芽后浸入水中，随叶柄不断伸长而逐渐提高水面，水深不得超过1 m	15～32℃，低于12℃时停止生长
2	萍蓬草	播种繁殖和块茎繁殖。块茎繁殖在3—4月进行，将带主芽的块茎切成6～8 cm长段作为繁殖材料	适宜生在水深30～60 cm，最深不宜超过1 m	生长适宜温度为15～32℃，温度降至12℃以下停止生长
3	荇菜	分株法和扦插法繁殖。分株于每年3月份将生长较密的株丛分割成小块另植；扦插繁殖也容易成活，茎节上都可生根，生长期取枝2～4节，扦于浅水中，2周后生根	在水池中种植，水深以40 cm左右较为合适，盆栽水深10 cm左右即可	

编号	名称	种植季节	适宜水深	适宜温度
4	芡实	种子繁殖：适时播种，春秋两季均可（以 9—10 月为宜）。幼芽移栽：前年种过芡实的地方，来年不用再播种，因其果实成熟后会自然裂开，有部分种子散落塘内，来年便可萌芽生长。当叶浮出水面，直径 15～20 cm 时便可移栽	适宜水深为 30～90 cm	生长的适宜温度为 20～30℃，温度低于 15℃时果实不能成熟

二、栽植方法

栽植水生植物有两种不同的技术途径：一是在池底砌筑栽植槽，铺上至少 15 cm 厚的培养土，将水生植物植入土中；二是将水生植物种在容器中，再将容器沉入水中。

1. 容器栽植

用容器栽植水生植物再沉入水中的方法很常用，因为容器移动方便。例如，北方冬季须把容器取出来收藏以防严寒，在春季换土、加肥、分株的时候作业也比较灵活省工。而且，这种方法能保持池水的清澈，清理池底和换水也较方便。

2. 栽植槽栽植

（1）施工方法。水池建造时，在适宜的水深处砌筑种植槽，再加上腐殖质多的培养土。种植器一般选用木箱、竹篮、柳条筐等，一年之内不致腐烂。选用时应注意，装土栽种以后，种植器在水中不致倾倒或被风浪吹翻。一般不用有孔的容器，因为培养土及其肥效很容易流失到水里甚至污染水质。不同水生植物对水